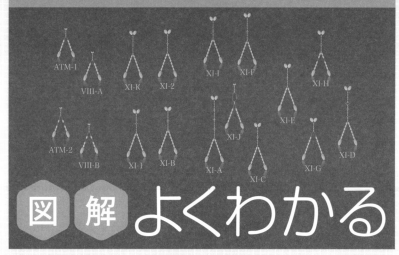

図解 よくわかる 植物細胞工学

タンパク質操作で広がる バイオテクノロジー

富永基樹 著

Plant cell engineering

日刊工業新聞社

まえがき

　生物の本を一般の人向けに書いてみませんかというお誘いをいただいたとき、何をどう書けばよいのか迷いました。参考にこれまで出版されている一般向けの本を何冊か購入して読んでみたところ、どの本も完成度が高くて私には書く余地が残されているように思えず、途方に暮れてしまいました。

　生物は大変面白い研究領域ですが、全体像を見渡すのが難しい分野でもあると思います。なぜなら、遺伝子やタンパク質が働くナノメートルの世界も生物の一部ですし、細胞が生きているマイクロメートルの世界も生物です。もちろん私たちが普段目にしている動物や植物も生物ですし、もっとスケールの大きな生態や地球環境も生物に含まれます。そして遺伝子工学は、ナノメートルの遺伝子やタンパク質を人工的に改変して、医療や環境の問題を解決しようという技術です。最新のバイオテクノロジーに関してはネット上でたくさんの解説がありますが、説明が簡単すぎたり難しすぎたりといろいろです。そういう意味で、高校の生物の教科書は、生物全体をカバーしたとてもよくできた書物だと思います。

　しかし教科書はその役割から、確実にわかっている現象の記載がほとんどで、新しい仮説や開発中のテクノロジーに関してそれほどページは割かれていません。私は研究者としてはあまり良くないのかもしれませんが、興味が目移りして、遺伝子からタンパク質、細胞からバイオマス増産までと、いろいろな研究分野を広く浅くやってきました。それならば、いっそ「広く浅く」をそのまま本にし、ついでに絵も充実させて、読まなくても眺めていれば何となくわかるような本を作ってみようと考えました。わかりやすさを大事にしたため、細かいところを少々端折って描いている部分もありますがご容赦ください。

　本書の役割は、観光案内所に置かれているイラスト観光マップだと思います。生物を学んだことがない人でも、この本を片手に気軽に生物という観光地

を散策してください。観光地にはたくさんの名所があります。見どころは人それぞれで、それは「細胞の誕生」であるかもしれませんし、「遺伝子」や「タンパク質」であるかもしれません。あるいは、「植物の進化」や「バイオマス増産」であるかもしれません。もし面白そうな場所が見つかれば、図書館や本屋に立ち寄って、さらに詳しい本を手に奥へ奥へと進んでもらえれば幸いです。

　最後に、本書執筆の機会を与えてくださったと同時に、作成にあたり大変お世話になった新日本編集企画の鷺野和弘氏、日刊工業新聞社書籍編集部の矢島俊克氏には深く感謝いたします。

2020年6月
コロナ禍の研究室より

富永　基樹

図解よくわかる植物細胞工学
タンパク質操作で広がるバイオテクノロジー

目 次

第3章　植物が発達させた特殊な機能

第4章　原形質流動

第5章　進化するバイオテクノロジー

Column

第 1 章
細胞は生命の基本単位

1.1 細胞は生命の基本単位（生命の３条件）

　すべての生命は細胞で構成されています。細胞は、細胞膜で囲まれたとても小さな袋で、その直径は1mmの1/20〜1/100ほどで数十マイクロメートル（1ミリの1/1,000：μm）といわれています。私たちヒトはその細胞が約37兆個集まってできている多細胞生物です。一方で、細胞1個だけで生きている単細胞生物もいます。例えば、ヒトの細胞1個を取り出し、増やすこともできます（培養細胞）。しかし、細胞をそれ以上細かくすると自力で増えることのない物質になることから、生命の基本単位は細胞といえます。では、生命とはなんでしょうか？「生命」＝「細胞」は、物質ではできない下記の3つの条件を同時に満たすことができます。

1. **自己複製する。（主に遺伝子が担う）**
2. **エネルギー代謝を行う。（主にタンパク質が担う）**
3. **外界と仕切られている。（主に細胞膜が担う）**

　例えるなら、細胞は、「細胞膜」で囲まれた空間内で、特別な機能を持った何万種類もの「タンパク質」が装置として働く、小さな精密工場といえます。単細胞生物は、生命活動に不可欠なエネルギー生産や代謝、合成、分解、輸送などを1つの工場ですべて賄っています。多細胞生物では、工場である細胞が専門化・分化し、それらがコンビナートを形成し連動することで、より複雑な個体を維持しています。「遺伝子」は、工場内で稼動する装置類である様々なタンパク質の配列を記している設計図です。遺伝子が記されたゲノムは、細胞分裂の度に忠実にコピーされ、全く同じ情報を持った細胞が新たに誕生します。そして細胞は、常にすでに存在している細胞からのみ生まれます。例えば、私たちの細胞は両親の受精卵が分裂して生まれました。両親の細胞も祖父母の細胞から生まれてきました。そうしてたどっていくと、私たちの本当の先祖、すなわち「生命の起源」は、地球上に初めて誕生した「細胞」といえます。

　近年発達しつつある遺伝子工学技術は、設計図（遺伝子の配列）を人工的に書き換えて、装置（タンパク質）の機能を改変し、工場（細胞）の生産性を高め、あるいはその能力を人間に使いやすい形に改良する技術といえます。したがって、遺伝子工学を理解するには細胞やタンパク質の理解が不可欠です。

細胞の 3 要素

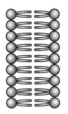

遺伝子 　　　　　　タンパク質 　　　　　　細胞膜
（情報） 　　　　　　（機能） 　　　　　　（区画）

単細胞と多細胞

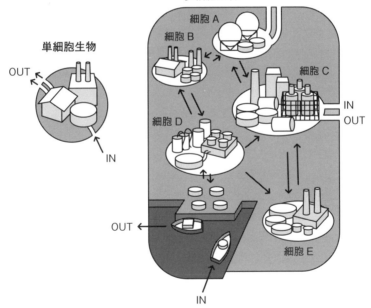

ワンポイント

細胞内は精密工場

1.2 DNA、染色体、ゲノム、遺伝子

　ニュースや新聞で、DNA鑑定、染色体異常、ゲノム編集、遺伝子治療といった言葉をよく聞きます。では、それぞれの言葉がどう違うの？と聞かれて、とっさに答えられる人は少ないのではないでしょうか？

　染色体とは…染色体は細胞の核内で見られる構造です。この構造はヒストンと呼ばれる糸巻きボビンのようなタンパク質に、DNAが巻き付いたもの（ヌクレオソーム）が、棒状にまとまったものです。細胞分裂時にはっきりと見えるようになり、色素でよく染まることから、そう名づけられました。例えばヒトには、それぞれ父親と母親から受け継いだ2コピーからなる常染色体が22対と、性染色体が1対現れます。

　ゲノムとは…染色体の数は、生物の種類によって違います。1コピーの全染色体の中に含まれる全DNAのことを、ゲノムといいます。全ゲノム配列とは、染色体に含まれる全DNA（A、T、G、Cの4種類の塩基からなる）の配列情報です。酵母で1,200万塩基対、植物（シロイヌナズナ）で1億4,000万塩基対、ヒトで32億塩基対にもなります。例えばヒトの核をテニスボールの大きさとすると、DNA鎖の長さは40km（山手線一周以上）になります。現在、ヒトをはじめ何種類もの生物の全ゲノムの情報が解読され、ネット上で公開されています。

　遺伝子とは…ゲノムのなかで、タンパク質の意味のある配列が記されている領域を遺伝子（gene）と呼びます。遺伝子はゲノム上で飛び飛びに存在します。例えば、酵母のゲノム上には6,000個ぐらい、ヒトやモデル植物シロイヌナズナのゲノム上には3万個ぐらいの遺伝子が存在します。

　DNAとは…DNA（デオキシリボ核酸）は「塩基」「糖（デオキシリボース）」「リン酸」が1つずつ結合した遺伝情報を担う分子です。「塩基」には「アデニン（A）」「グアニン（G）」「シトシン（C）」「チミン（T）」の4種類あります。3つの塩基の組み合わせ（コドン）が、20種類のアミノ酸のうちのどれかを指定します。例えば、GCT、GCC、GCA、GCGはアミノ酸アラニンを指定します。TGT、TGCはアミノ酸システインを指定します。また、ATGは翻訳をはじめる開始コドンとして、逆にTAA、TAG、TGAは翻訳をストップする終止コドンとして働きます。

ヒトの核の基本構造

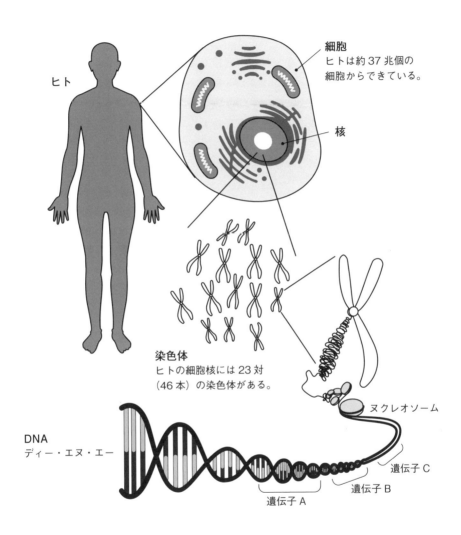

ヒト

細胞
ヒトは約 37 兆個の
細胞からできている。

核

染色体
ヒトの細胞核には 23 対
（46 本）の染色体がある。

ヌクレオソーム

DNA
ディー・エヌ・エー

遺伝子 A
遺伝子 B
遺伝子 C

🖐 ワンポイント

ヒトでは 32 億塩基対の DNA が、23 対の染色体に折りたたまれている

1.3 タンパク質

　タンパク質という言葉を小学校の家庭科で初めて習った人も多いかと思います。家庭科の教科書には「タンパク質・糖質・脂質は3大栄養素です」と書かれていたと思います。ただ、生物学的な観点からは少し違います。タンパク質はあらゆる生物のあらゆる細胞機能を発動する、生命にとって最も重要なパーツです。糖質や脂質もタンパク質の働きにより合成されます。タンパク質は、アミノ酸がつながった鎖（ペプチド）が複雑に折りたたまれた、サイズが数〜数十ナノメートル（$1\mu m = 1/1,000mm$ の $1/1,000$：nm）程度の小さな化合物です。タンパク質を構成するアミノ酸は20種あり、その配列は、ゲノム上で遺伝子情報として記されています（1.2）。その情報が読み取られて、細胞内で何万種類ものタンパク質が作られます。タンパク質の機能は驚くほど多様で高度です。例えば、細胞の中で行われる化学反応（生化学反応）の多くは、酵素と呼ばれるタンパク質群が反応を触媒し、生命活動に必要なあらゆる物質を作り出しています。また、それらの物質を細胞の各所や細胞外に送るのは、細胞骨格という繊維状タンパク質の上を運動するモータータンパク質の役割です。さらには、DNAを複製したり、RNAを合成したりするのもポリメラーゼと呼ばれるタンパク質が行っています。細胞膜の成分であるリン脂質の合成にも多くのタンパク質が合成酵素として働いています。また、細胞の形を決めたり、細胞同士をつなげたりするのもタンパク質の役割です。また、下村脩博士が発見したことで有名な、クラゲの発光に使われるGFP（Green Fluorescent Protein）も蛍光タンパク質と呼ばれるタンパク質の一種です（5.11）。細胞外のほとんどの生体構造（骨や細胞壁）も、細胞内のタンパク質の働きにより作り出され細胞外に送られています。

　例えば、時計からゼンマイや歯車を抜くともはやただの箱になるように、細胞からタンパク質を除くと、ただの小さな袋になるといえます。そういう意味で、タンパク質は生命の本体そのものといっても良いのではという気がします。最近の人類のナノ工学には目覚ましい発展がありますが、いまだタンパク質ほど小さくかつ高機能なナノマシンをゼロから人間の手で作り出すはできていません。

様々なタンパク質の構造

膜タンパク質

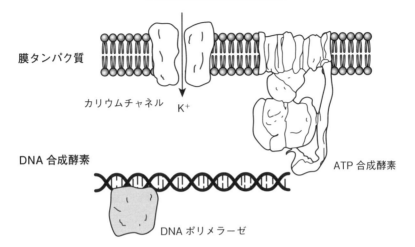

カリウムチャネル　K⁺

DNA 合成酵素

ATP 合成酵素

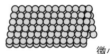

DNA ポリメラーゼ

細胞骨格

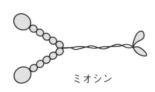

アクチンフィラメント

微小管

モータータンパク質

ミオシン

ダイニン

蛍光タンパク質

GFP

ワンポイント

タンパク質はあらゆる細胞機能を発動する

1.4 生体膜

　細胞や細胞小器官を囲っている膜を合わせて、生体膜と呼びます。タンパク質は生体膜で囲われた細胞質などの空間内や、生体膜上で機能します。生体膜は心配なほど薄くて柔らかいです。厚さは生物共通で、10nmほどしかありません。生体膜を構成するリン脂質は、親水性の頭部と疎水性の足を持つ細長い分子です。水の中にあると、その性質から、自然と疎水性の部分が集まり水を避けようとし、親水性の頭部が外側（水側）に露出しようとします。生体膜はこのリン脂質という小さい分子が自己集合した「脂質二重層」という膜状構造が基本になっています。疎水性の部分をできるだけ水にさらさないために、脂質二重層は自然に閉じて、袋状の構造を形成します。袋状に閉じて外界と空間的に仕切られた生体膜の中に、原始タンパク質や原始RNAが閉じ込められて生命が誕生したと考えられています。リン脂質同士はファンデルワールス力と呼ばれるごく弱い力で引き合っています。したがって、脂質二重層はとてもやわらかく、よく延び、たとえちぎれたとしても周りのリン脂質が瞬時に集まり、裂け目を閉じます。

　脂質二重層は、その物理化学的な性質から通しやすい物質と通しにくい物質があります。例えば、酸素や二酸化炭素などの非極性の小さい分子はよく通します。逆に、小さい分子でも水のように電気的な極性を持った分子は通しにくくなります。さらに、電荷を持ったイオン（Na^+、K^+、Ca^{2+}、Cl^-、H^+など）はほとんど通しません。細胞は生体膜のそういった性質を利用し、膜の内と外にイオンの濃度勾配を作り出して、情報伝達を行ったりエネルギーを作ったりしています。

　物理的な性質と協調して生体膜に様々な機能を与えているのが、膜タンパク質と呼ばれるタンパク質群です。膜タンパク質は膜に結合したり埋め込まれたりしており、様々な機能を備えています。ゲノム上にコードされている遺伝子の30%ぐらいが膜タンパク質で占められることから、細胞の活動にとって膜タンパク質が非常に大切だということがわかります。細胞の機能というと、細胞の中でのイベントを思い浮かべがちですが、生体膜上の反応は私たち生命にとってそれ以上に重要だと考えられています。

生体膜の構造と性質

核膜

細胞

細胞小器官の膜

細胞膜

イオン

脂質
二重層
（10nm）

リン脂質

膜タンパク質

頭部
（親水性）

水分子

尾部
（疎水性）

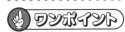

ワンポイント

実は細胞機能の重要部分

1.5 遺伝子からタンパク質へ

　遺伝子はよく生物の設計図だといわれますが、もう少し具体的にいえばタンパク質の設計図です。タンパク質の構成成分である20種類のアミノ酸は、3つの塩基配列の組み合わせによって指定されます。アミノ酸を指定する3つの組み合わせは生物共通で、遺伝暗号（コドン）と呼ばれています（1.2）。

　では、細胞内や生体膜で働くタンパク質は、核の中にあるゲノム情報からどのように作られていくのでしょうか？ ざっくりいうと、DNAの遺伝情報はまずRNAにコピーされます。これを"転写"と呼びます。さらにRNAの遺伝情報がコドンに従ってアミノ酸に変換され、遺伝情報に記された通りのタンパク質が合成されます。この過程を"翻訳"と呼びます。

　真核生物では、転写は核の中で行われます。RNA合成酵素（タンパク質）がゲノム上の遺伝子領域に結合し、DNAの配列と相補的な配列を持つメッセンジャーRNAを合成していきます。合成されたメッセンジャーRNAからは、不要な配列（イントロン）が取り除かれ、必要な配列（エキソン）のみが結合します（スプライシング）。スプライシングにより取り除かれる部位が変化する場合があります。その場合、1種類の遺伝子から複数のメッセンジャーRNAが作られます（選択的スプライシング）。この働きにより、1つの遺伝子から、複数の性質の異なったタンパク質を作ることができます。その結果、例えばヒトの場合、3万の遺伝子数に対し、タンパク質は10万種類に及ぶといわれています。完成したメッセンジャーRNAは核内から核膜孔を通って、細胞質に移動します。細胞質では、メッセンジャーRNAにリボソームと呼ばれる、タンパク質合成装置が結合します。リボゾーム自体も主にタンパク質やRNAからなる巨大な複合装置です。そこにアミノ酸を担いだトランスファーRNAがやってきて、メッセンジャーRNAのコドンと相補的なものが結合します。トランスファーRNAはコドンに対応したアミノ酸を担いでいます。順次運ばれてくるアミノ酸は、ペプチド結合によってつながっていき、ポリペプチドになります。こうした一連のメカニズムでDNA遺伝子の配列どおりにでき上がったポリペプチドは、そのアミノ酸の性質に基づき正しく折りたたまれることによって、機能を持った1種類のタンパク質が完成します。

タンパク質の合成

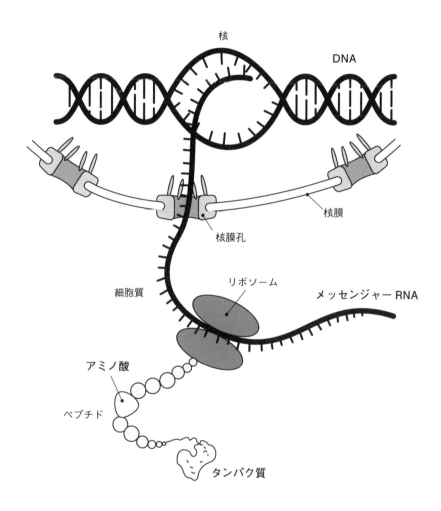

核

DNA

核膜

核膜孔

細胞質

リボソーム

メッセンジャー RNA

アミノ酸

ペプチド

タンパク質

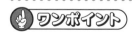 ワンポイント

遺伝情報が転写、翻訳される

1.6 40億年前：細胞の誕生（原核細胞）

　生命の誕生は、地球誕生（46億年前）から6億年後（40億年前）、太陽の光が届かない地下で始まったと考えられています。地球内部からの熱エネルギーによって、水素、アンモニア、メタンなどが水と反応し、アミノ酸や脂肪酸などの生命の材料となる様々な分子が合成されていきました。脂肪酸は集まって細胞を仕切る膜となりました。そこに触媒機能を持った原始タンパク質や、遺伝機能を持った原始RNAが取り込まれ、自己を複製することができる能力を備えた原始細胞が作られたと考えられています。現在の地球上に存在する生物の細胞はすべて、この原始細胞を共通先祖とし分裂して増えていったものだと考えられています。

　現在の生物は、細胞の特徴から大きく2種類に分けられます。1つは細胞膜だけしか持たない原核細胞からなる「原核生物」で、ほとんどが単細胞の微生物です。もう1つは、核や細胞小器官といった細胞内にさらに膜で仕切られている構造を持つ真核細胞からなる「真核生物」で、酵母やアメーバといった単細胞生物、さらに私たちヒトや植物といった多細胞生物が含まれます。

　最初に出現したのは原核生物で、後に登場する真核細胞に比べ小さく（数μm）構造も単純でした。現在の大腸菌やサルモネラ菌といった生物たちにあたります。細胞内の構造も、真核細胞に比べ単純で、DNAはむき出しでタンパク質や細胞質と同じ空間に共存しています。原核細胞は、さらに真正細菌と古細菌に分けられます。名前がまぎらわしいのですが、真正細菌より後に古細菌が枝分かれしました。進化上の隔たりは真核生物との隔たりよりも大きいです。身の回りに存在し、私たちに病気をもたらす病原性のバクテリアはほとんどが真正細菌です。一方、古細菌の多くは他の生物が住めないような高温の温泉噴出口や高い塩濃度の湖、あるいは酸素のほとんどない泥など、原始の地球に似た過酷な環境に住んでいます。原核生物は地球上の細胞のなかで最も多様で数が多く、特殊な能力を持つ者がいます。近年、原核生物から特殊な能力を司る遺伝子を特定・単離し、植物などに導入して利用しようという試みがなされてきています。その後、真核細胞が誕生するのは、始原細胞の誕生から15億年以上たってからだったようです。

細胞の誕生

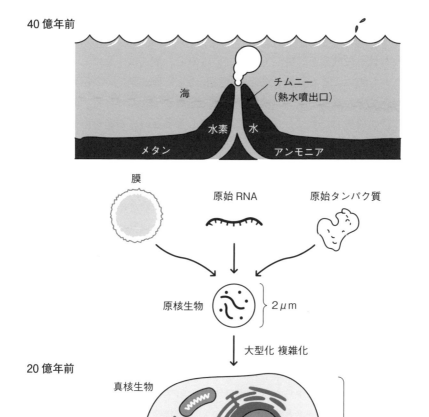

40 億年前

海

チムニー
（熱水噴出口）

水素　水

メタン　　　　アンモニア

膜

原始 RNA　　　原始タンパク質

原核生物　　　　　2 μm

大型化 複雑化

20 億年前

真核生物

10〜20 μm

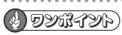 ワンポイント

大腸菌、サルモネラ菌も原核生物

1.7 最初の生物は酸素が苦手だった（嫌気性細菌）

　私たちは普段酸素を呼吸して生きているので、酸素は生命にとってなくてはならないもののような気がしています。しかし、地球誕生時の原始大気の組成は二酸化炭素と窒素が主で、酸素はほとんどありませんでした。そんな環境で誕生した始原生物たちにとって酸素はとても苦手というか猛毒でした。

従属栄養型細胞

　当時の地球には、高熱や紫外線などにより、わずかながら有機物が合成され蓄積していたと考えられています。初めに生まれた原核生物は、この有機物を酸素を使わずに（嫌気的に）分解してエネルギーを取り出していた従属栄養生物だったと考えられています。従属栄養生物とは、成長や活動に必要な栄養の供給を体外の有機物に依存する生物です。解糖・発酵によって嫌気的にATPを生産するシステムで、エネルギーを得る代謝系としては一番古いと考えられています。ちなみに私たちヒトを含むすべての動物は、植物が作った有機物を直接あるいは間接的に摂取して生きている従属栄養生物です。

独立栄養型細胞

　やがてさらに、水素などの無機物を酸化した時に放出されるエネルギーを利用する、独立栄養生物も誕生したと考えられています。独立栄養生物とは外界から取り込んだ無機物から有機物を合成できる生物をいいます。後に誕生するシアノバクテリアは、水と光エネルギーで二酸化炭素を固定し、炭水化物（有機物）を作る光合成独立栄養生物で、葉緑体の起源となりました。初期の独立栄養型細胞の一種と考えられるメタン菌は、水素と二酸化炭素からメタンを合成する化学合成独立栄養生物で、現在も酸素のない泥の中などで暮らしています。近年メタン菌は、バイオ燃料の一種であるメタン生産の利用に注目が集まっています。例えば、メタン菌が入った嫌気的な発酵槽の中に汚水や生ごみなどを入れ、メタン菌が作り出すメタンガスをバイオガスとして利用するという技術です。菌内におけるメタンの生成経路には、種々の酵素（タンパク質）が関わっていることが知られています。ただ、これらの酵素は極端に酸素に弱く、空気に触れると簡単に失活するため、タンパク質レベルでの研究を進めるのが極めて難しいようです。

従属栄養型と独立栄養型

40 億年前
酸素がない地球

従属栄養生物　　　　　　　　　　　　　　　　　独立栄養生物

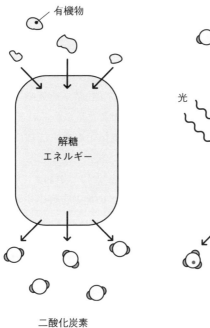

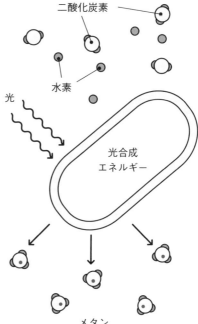

ワンポイント

メタン菌利用が注目されている

1.8 酸素を吐き出すシアノバクテリアの誕生（27億年前）

　約35億年前（細胞の誕生から5億年後）に、地球に降り注ぐ太陽の光エネルギーから自前で有機物を作り出せる独立栄養生物である光合成細菌が現れました。最初に光合成を行った細菌は、光エネルギーにより硫化水素と二酸化炭素から、炭水化物と硫黄を作っていたと考えられています。

　約27億年前、硫化水素ではなく大量に存在する水を使い、炭水化物と酸素を作る画期的能力を備えたシアノバクテリアが誕生しました。この酸素発生型の光合成システムには、光合成に関わるタンパク質の進化と複雑化が必要でした。太陽の光を受け取り電子の流れに換える「光化学系」と呼ばれるタンパク質複合体には1型と2型があります。最初の光合成細菌はどちらか一方の光化学系だけを使い光合成を行っていました。シアノバクテリアの革新的なところは、1型と2型の両方を連動させ、豊富な水を利用しエネルギーと酸素を生み出せるようなシステムを備えたところです。シアノバクテリアは酸素発生型光合成を行える唯一の原核生物群だということで、2つの光化学系を連動させたシステムの進化が非常にレアで奇跡的なイベントだったと考えられています。

　このシステムは、1型と2型を持つ細菌の間での遺伝子の水平伝播によってできたと考えられています。遺伝子の水平伝播とは、親から子ではなく、個体間や他生物間において起こる遺伝子の取り込みのことです。当時は、死んだ他種バクテリアの遺伝子を取り込んで、そのバクテリアの能力を獲得するという変化が頻繁に行われていたと考えられています。そういうことから遺伝子の水平伝播は、後の生物の進化に大きな影響を与えてきたと考えられています。かなり奇跡的な偶然から、水と二酸化炭素を利用できる能力を獲得したシアノバクテリアは、ほぼ無尽蔵に存在していた水を使って爆発的に増殖していきました。それによりシアノバクテリアの活動のいわば排出ガスである酸素が大気中に大量に放出されていきました。酸素は様々な物質を酸化させる非常に反応性の高い物質です（鉄を錆びさせるなど）。当時の先住民であった嫌気性細菌たちにとっては、まさに猛毒であり、現在の大気汚染とは比べ物にはならないほどの脅威だったようです。このようにして、大気中の酸素濃度の上昇とともに、これまで栄えていた嫌気性の原核生物が大量に死滅したようです。

シアノバクテリアの増殖

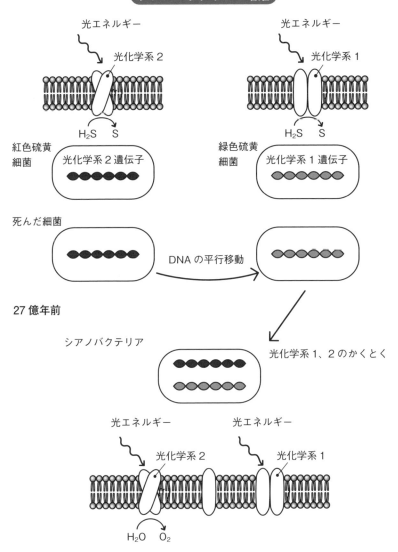

光エネルギー

光化学系 2

光エネルギー

光化学系 1

H_2S　S

H_2S　S

紅色硫黄細菌

光化学系 2 遺伝子

緑色硫黄細菌

光化学系 1 遺伝子

死んだ細菌

DNA の平行移動

27 億年前

シアノバクテリア

光化学系 1、2 のかくとく

光エネルギー

光エネルギー

光化学系 2

光化学系 1

H_2O　O_2

 ワンポイント

酸素の大量放出で嫌気性細菌の多くが死滅

1.9 酸素を呼吸しエネルギーを作れる生物の誕生（好気性細菌）

　生物が最初に持ったエネルギー生産システムは酸素を用いない嫌気的な発酵だったという話をしました（1.7）。これは有機化合物を少しずつ簡単な分子にしながらエネルギーを取り出す仕組みで、解糖系と呼ばれています。解糖系を持つ生物の中から、酸素を利用し有機物からさらに効率良くたくさんのエネルギーを取り出せるようになった生物が誕生しました。酸素呼吸を行える好気性細菌です。酸素呼吸は、解糖系にクエン酸回路と電子伝達系というシステムが加わって誕生しました。酸素呼吸には、当初地球にはほとんどなかった酸素と炭水化物が必要なので、まず光合成をする生物が誕生し、その後で呼吸をする生物が誕生したと考えるのが妥当だと思われてきました。酸素濃度が現在の濃度の1%を超えた後（およそ20億年前）、好気的酸化が可能な環境になって、真正細菌の中から酸素呼吸をする好気性細菌が生まれたという流れです。ところが最近、その流れを疑問とする仮説が出てきました。

　まず、光合成と呼吸の反応を見ると、出入りする物質が逆なだけでよく似ているのがわかります。

光合成

$6CO_2$（二酸化炭素）＋$12H_2O$（水）＋→$C_6H_{12}O$（糖）＋$6H_2O$（水）＋$6O_2$（酸素）

呼吸

$C_6H_{12}O$（糖）＋$6H_2O$（水）＋$6O_2$（酸素）→$6CO_2$（二酸化炭素）＋$12H_2O$（水）

　最近考えられている説は次のようなものです。まず、嫌気性細菌の中から、わずかな酸素を使った好気呼吸のシステムを獲得したものが現れ増殖を始めました。その後、この呼吸のシステムを土台とし、光エネルギーを化学エネルギーに変換できる光合成細菌が誕生したというものです。遺伝子を解析すると、酸素呼吸の電子伝達系の酵素が非常に古いということも根拠になっているようです。酸素呼吸と光合成のシステムは、お互いに相互作用しながら共進化していったという考えです。そして、私たち真核生物の細胞を支える重要な細胞小器官であるミトコンドリアと葉緑体へと受け継がれていきました。

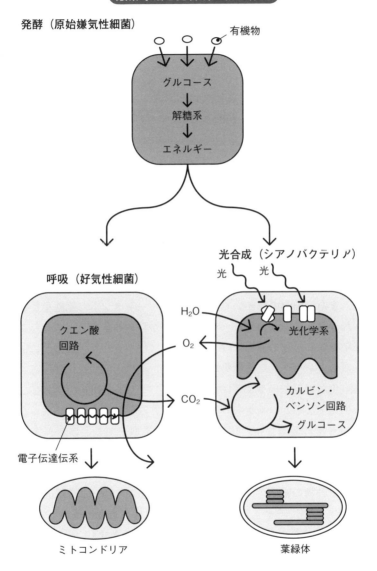

酸素呼吸と光合成の相互作用

発酵（原始嫌気性細菌）

有機物

グルコース
↓
解糖系
↓
エネルギー

呼吸（好気性細菌）

光合成（シアノバクテリア）

光　光

クエン酸
回路

H_2O

光化学系

O_2

CO_2

カルビン・
ベンソン回路

グルコース

電子伝達伝系

ミトコンドリア

葉緑体

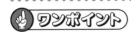

ワンポイント

最近の学説では順序が逆に？

1.10 細胞の大進化：大きくて複雑な真核細胞の誕生

　真核生物とは、細胞の中に核と呼ばれる細胞小器官を有する生物を指します。約19億年前の地層から、真核生物と考えられる最古の化石が発見されています。原核生物は地球誕生（46億年前）からわずか6億年（40億年前）で誕生しましたが、私たち動物や植物の体を構成している真核細胞の誕生（20億年前）には原核生物誕生からさらに15億年もの歳月が必要だったようです。

　原核細胞から真核細胞への変化は、生物がさらに高度な進化を遂げる上で不可欠で、まさに大進化と呼ぶべきものでした。原核細胞では、細胞の内と外を区切っていただけの生体膜が、真核細胞では細胞の内部の仕切りにも用いられるようになりました。DNAは核という生体膜で囲まれた構造に収納され、情報量を増加させることができました。例えば、ヒトのDNAは大腸菌の約1,300倍あります。さらに紫外線や酸素による突然変異からDNAを守れるようになりました。また、細胞の中がいくつかのコンパートメント（細胞小器官）として仕切られるようになりました。ワンルームから一軒家に引っ越したようなもので、部屋ごとに用途を使い分けられるようになりました。具体的には、区画ごとに専門のタンパク質たちを集めることで、細胞内部で生化学反応の分業や作業の効率化が実現できるようになりました。それまで原核生物では、細胞内で起こる生化学反応と、細胞内外の物質のやり取りのバランスを保つため、細胞表面積に対する細胞容積の比率を一定以上に増やすことはできませんでした。しかし、真核細胞になると、代謝産物などをいったん細胞内の区画に貯めおくことが可能となったため、細胞もある程度大きくすることができました。私たちヒトや動物の細胞の大きさは、10〜20μmですので、標準的な原核生物の幅と比べて10倍ぐらい、容積としては1,000倍にもなります。植物の細胞は、さらに2〜3倍ぐらい大きいです。真核細胞への進化により、1細胞あたりの機能が高度化・複雑化し、その後の多細胞化や、細胞間での分業が可能になりました。原核生物から真核生物への変化がなければ、私たちは相変わらず単細胞のまま、海で漂っているだけだったでしょう。まさに、生命にとっての大進化でした。

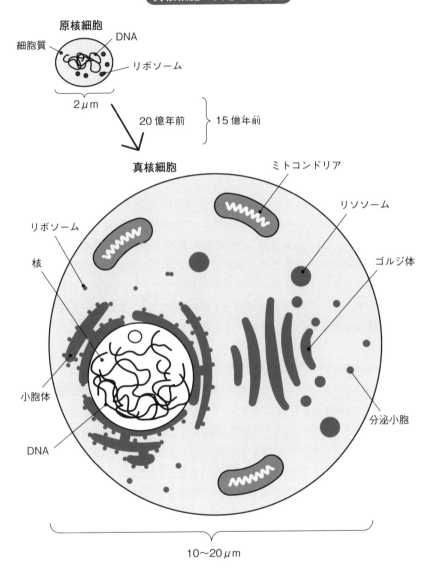

真核細胞の大きさと構造

原核細胞

細胞質　　　DNA

リボソーム

2μm

20 億年前　　15 億年前

真核細胞

ミトコンドリア

リソソーム

リボソーム

核

ゴルジ体

小胞体

DNA

分泌小胞

10〜20μm

 ワンポイント

ヒトの DNA は大腸菌の 1,300 倍

1.11 細胞内の仕切りを増やし能力アップ（いろいろな細胞小器官の獲得）

　原核生物である古細菌が様々な細胞小器官を獲得し真核細胞になったと考えられています。では、どうやって古細菌は細胞小器官を獲得したのでしょうか？現在、2つの説が考えられていて、それぞれが別々の細胞小器官の起源だと考えられています。

膜分化説

　1つ目は、細胞核や小胞体、ゴルジ体、エンドソーム、リソソーム（植物では液胞）など、1重の膜で囲まれた単膜系細胞小器官の起源を説明する説です。これは、古細菌を囲んでいた細胞膜の一部が内側に陥入し、ちぎれてできたという説です。このとき、細胞内のDNAを取り囲んだものが、核となったと考えられています。ときたま、核膜は2重ではないのかという質問が出ますが、次に出てくるミトコンドリアや葉緑体と異なり、核の内側と外側の膜は、核膜孔で連続しているので、広げると1枚の膜になり1重膜といえます。こうして内部構造が複雑になり、原始真核細胞（嫌気性細胞）が誕生したと考えられています。

　このような細胞膜を内側に陥入させて機能や効率を高める試みは、葉緑体の元となったシアノバクテリアでも見られます。シアノバクテリアは先に述べたように、「光化学系」と呼ばれるタンパク質複合体群の働きによって光合成を行います（1.8）。このタンパク質は主に膜タンパク質によって構成されています。シアノバクテリアが光合成をたくさん行いたい場合、細胞膜の面積を多くする必要があります。しかし単純に細胞膜を横方向に広げると、細胞の容積も増えてしまいます（表面積が直径の2乗で増えるのに対し、容積は3乗で増えます）。容積が増えた細胞で、それまでの生化学反応を維持しようとすると、タンパク質の量やそれに使われるエネルギーを容積に比例して増やさないといけません。そうなると、表面積の増加では採算が取れなくなってしまいます。その問題を解決するために、シアノバクテリアは細胞膜を内側に陥入させ、何層もの膜の層を作り光合成を行うようになりました。結果として、現在の植物の葉緑体で見られる、チラコイド膜という構造が作られました。

細胞膜の陥入で高機能に

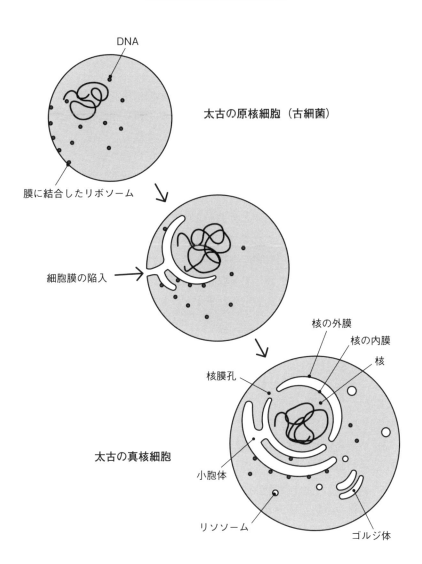

DNA

太古の原核細胞（古細菌）

膜に結合したリボソーム

細胞膜の陥入

核の外膜

核の内膜

核

核膜孔

小胞体

太古の真核細胞

リソソーム

ゴルジ体

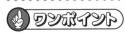

ワンポイント

細胞小器官やチラコイド膜の起源

1.12 動物・植物の起源（細胞内共生によるミトコンドリアと葉緑体の誕生）

共生説

　膜分化によって誕生した原始真核細胞に、好気性細菌が何らかのはずみで飲み込まれ、そのまま共生したものがミトコンドリアになったと考えられています。これによって、原始真核細胞は酸素呼吸を行う能力を獲得し、動物細胞の祖先となったようです。さらにミトコンドリアを獲得した細胞に、光合成能力を持ったシアノバクテリアが取り込まれて葉緑体となりました。その結果、呼吸と光合成能を併せ持った植物細胞の祖先が誕生したと考えられています。ミトコンドリアも葉緑体も、内膜と外膜の2重膜を持つことから、複膜系の細胞小器官と呼ばれています。これまで2重膜の外膜は、取り込んだ生物由来の細胞膜、内膜は取り込まれた生物の細胞膜と考えられていました。しかし、例えば、真核生物がシアノバクテリアを取り込んだときは、シアノバクテリアは宿主の細胞膜で囲まれていたと想定されますが、初期段階で外側の膜は消失したようです。現在は共生したシアノバクテリアがもともと持っていた2重膜（外膜と内膜）を起源とすると考えられているようです。

　共生説の有力な証拠として、ミトコンドリアも葉緑体も、その中に独自のゲノムDNAが残っていることが挙げられます。ミトコンドリアや葉緑体となった原核細胞がもともと持っていたゲノムは、共生後、ホストである真核細胞の細胞核にほとんど移されましたが、しかしなぜか一部は残っています。例えばヒトミトコンドリアは16,500塩基対の環状DNAを持ち、37個の遺伝子がコードされています。そして、ミトコンドリア独自のリボゾームによりタンパク質に翻訳され、ミトコンドリアの機能に重要な働きを持っています。なぜこれらのタンパク質の遺伝子のみが残されたのかはわかっていません。面白いことに、多くの動植物のミトコンドリアのゲノムDNAはすべて母親由来のようです。最初は、精子にミトコンドリアがないためと考えられていましたが、それは特殊なケースであり、受精によって持ち込まれた父方のミトコンドリアが初期発生の間に徐々に消えることがわかってきました。

共生の構図

太古の原核細胞

好気性原核細胞

シアノバクテリア

嫌気性の原始真核細胞

マトリックス

環状
ミトコンドリア
DNA

葉緑体

ミトコンドリア

動物細胞の祖先

植物細胞の祖先

ワンポイント

残った独自の DNA

1.13 細胞内の輸送システム

　細胞は、膜によって内部を仕切ることにより、多様な機能を持った区画（細胞小器官）を獲得し大進化を遂げました。そして、後の多細胞化への第一歩を踏み出しました。この大進化にはもう1つ重要な機能獲得が伴っています。それは1,000倍以上に巨大になった細胞内で、異なった細胞小器官を結ぶ、タンパク質の輸送システムの発達です。

　1.5で紹介したように、真核生物では、遺伝情報は核に格納されており、メッセンジャーRNAへと読み取られ（転写）細胞質に運び出された後、リボゾームによってタンパク質に合成されます（翻訳）。そのまま細胞質にとどまり働くタンパク質もありますが、細胞小器官の膜や内部、あるいは細胞膜や細胞の外に分泌されるタンパク質は、それぞれの専門に応じて特定の場所に送り届ける必要があります。その輸送経路は大まかに3つに分けられています。

1. 核膜孔を通る輸送

　核内で働くタンパク質は、細胞質で合成された後、核膜孔を通って核内に移動します。核膜孔はある程度の大きさのものは自由に通します。しかし、一定以上の大きなタンパク質が通るためには、核移行シグナルと呼ばれる特異なアミノ酸配列（シグナル配列）を持っている必要があります。逆に、普段核で働かないタンパク質の配列に人工的にシグナル配列を付けてやると、核に移行することが実験的にわかっています。

2. 膜を通る輸送

　ミトコンドリアや葉緑体、小胞体など、細胞質との間が膜によって仕切られた空間に入るための輸送です。これには膜に埋め込まれたタンパク質転送装置と呼ばれるタンパク質でできた小さい孔を通ります。ここでも特異的な移行シグナル配列が必要です。この孔を通るには、折りたたまれていたタンパク質はいったんほどかれて、1本鎖のペプチドの状態で通る必要があります。

3. 小胞による輸送

　小胞体に取り込まれたタンパク質が、小さな膜に包まれて、ゴルジ体やエンドソーム、リソソーム、細胞膜といった同じ由来の単膜系小器官の間を輸送するシステムで、小胞輸送と呼ばれています。

細胞内の輸送システム

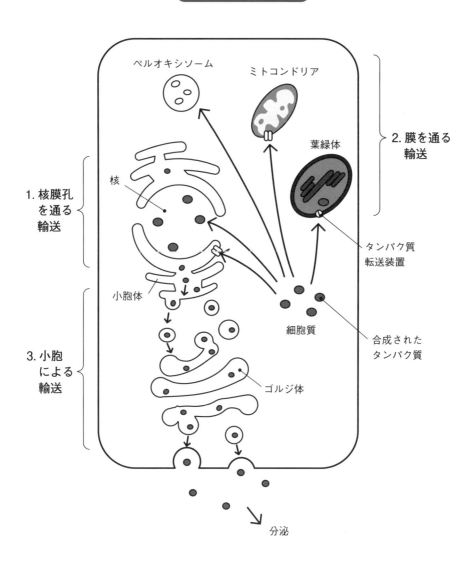

専門別の輸送経路

1.14 細胞内の交通ネットワーク

　膜を通る輸送で使われるタンパク質転送装置は、真核細胞だけでなく原核細胞の細胞膜にも存在し、タンパク質を細胞内から細胞外へ運び出す一方向性の輸送に使われています。真核細胞では、細胞膜の陥入によって細胞質から小胞体内部に取り込む方向の輸送にも使われています。一方で、小胞輸送は真核生物にのみ備わった輸送システムです。これは、小胞の中に特定のタンパク質を詰めて送り出す宅配のようなシステムです。システムの基本は比較的単純で、**1. 細胞小器官からの小胞の出芽、2. 小胞の移動、3. 送り届けられた先の細胞小器官への小胞の融合**です。この輸送には、往復の経路や間違って送り届けたものを回収する経路も備わっています。また、細胞膜の内側で小胞が出芽すると、細胞外の物質を細胞内に取り込むエンドサイトーシスが起こります。逆に細胞膜の内側で小胞の融合が起これば、小胞の中身を細胞外に放出するエキソサイトーシスが起こります。小胞の細胞内での輸送方向もでたらめではなく、細胞骨格というレール状のタンパク質の上を、モータータンパク質に運ばれる場合もあります（4.2、4.3）。そういった経路の組み合わせは真核細胞内に極めて複雑なネットワークを形成しており、その全貌はまだ明らかになっていません。人間が作り出した都市交通と同等かそれ以上の複雑さを持つことから、細胞内交通、あるいは膜交通とも呼ばれています。小胞輸送の制御には、様々な輸送タンパク質が関わっていることが知られています。

　真核生物は、細胞小器官を持ったことで、細胞の様々な機能を分業化し、より高度な機能を獲得しました。それと同時に、小胞輸送による輸送を行うことで、大きく複雑になった細胞内でも、タンパク質や物質を正確に送り届けることができるようになりました。また、膜で細胞内を仕切ることによって、それぞれの細胞小器官の機能に必要なタンパク質だけを濃縮し、反応をより効率化することができるようになったと考えられます。さらには、少し機能が違ったタンパク質を多種類作っても、区画別に使うことでお互いに邪魔せずより繊細で高度な働きが可能になりました。

　原核細胞が集まった多細胞生物が存在しないことから、真核生物の多細胞化に、細胞内の機能高度化が不可欠だったことがうかがえます。

小胞輸送のシステム

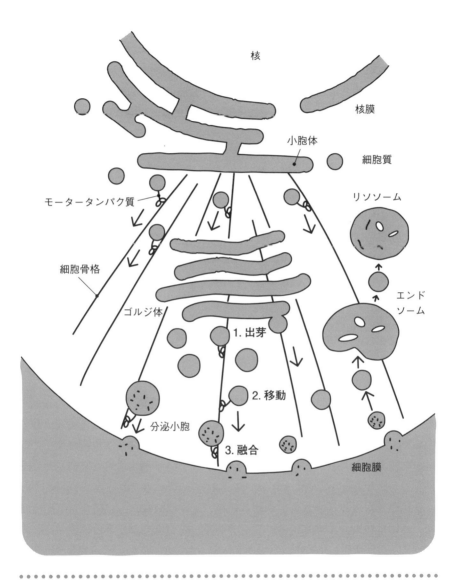

核

核膜

小胞体

細胞質

リソソーム

モータータンパク質

細胞骨格

ゴルジ体

エンド
ソーム

1. 出芽

2. 移動

分泌小胞

3. 融合

細胞膜

 **ワンポイント**

細胞の機能高度化に不可欠

1.15 多細胞化

　単細胞性の真核生物から多細胞生物が誕生したのは、現在から10億年前です。生命が誕生してから30億年、真核生物が誕生してから10億年もの時間が必要でした。結局、原核細胞から多細胞に進化できた生物はいませんでした。大きな要因の1つとして、真核生物が有性生殖を獲得したことが考えられます。基本的に、原核生物は無性生殖で増えます。無性生殖で増えた細胞はすべて同じ遺伝情報を持った細胞になります。したがって原核単細胞生物の分裂システムは安定なのですが、生物の進化にとって不可欠な遺伝子変異は、紫外線などによる突然変異に委ねられます。生物にとって大きな課題の1つが、遺伝的安定性と多様性の両立です。遺伝情報を安定に保つためには、無性生殖を繰り返せば良いこととなりますが、環境変化への適応を考えた場合、遺伝子の変化による多様化は生物にとって極めて重要なイベントになります。遺伝子の変化を紫外線などによる突然変異にゆだねると、ほとんどの変異は生物にとって致死的に働きます。真核生物へ進化をした生物は、これまでにない遺伝子の安定・変異システムを獲得しました。それが、有性生殖のシステムです。有性生殖では、2つの細胞の持つ遺伝子が混ざって新しい組み合わせを持つ細胞を作ることができます。

　有性生殖を行えるようになった真核細胞は、多細胞化に必要な多様な遺伝子を作り出せるようになったと考えられています。また、単細胞生物のまま単一の細胞で運動や摂食をしつつ、生殖も行うのはとても大きな負荷です。こういった問題を解決するために、生殖と運動・摂食を分離したのが多細胞生物ではないかと考えられています。

　多細胞化が進むにつれて、動物と植物で生存戦略が大きく異なっていきます。動物は移動して摂食によってエネルギーを得ることが不可欠です。したがって、運動機能を高度化していきました。逆に光合成によりエネルギーを作り出せる植物は動かなくてよいですが、動き回って生殖相手を見つけることができないため、生殖機能を多様化していったと考えられています。こうして同じ起源の原始細胞から誕生した動物と植物は、多細胞化によって生存戦略に大きな違いをもって進化していくことになりました。

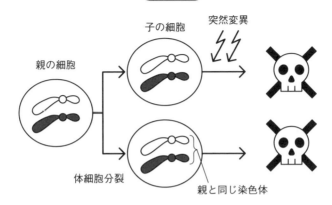

無性生殖

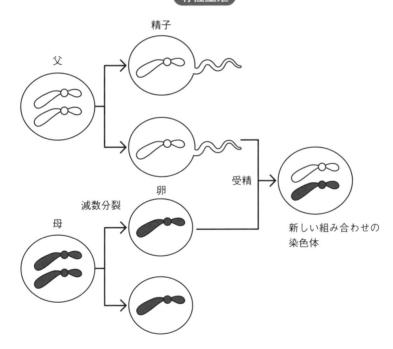

有性生殖

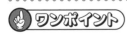

生命の進化

　46億年前の地球誕生から、生命の誕生、真核細胞の誕生、多細胞生物の誕生までを年表にまとめました。当初、単純だった細胞は内部の構造を複雑化し、真核細胞を経て多細胞生物へと進化しました。生命の進化は、地球環境にも大きな変化をもたらしています。それぞれの出来事は、表記した数字の項で解説しています。

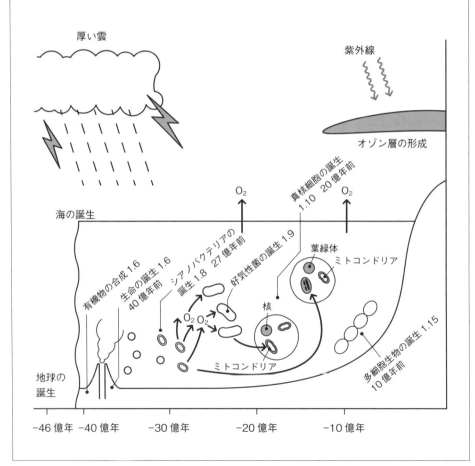

第 2 章

植物の進化

2.1 陸上進出（灰、紅、緑から緑が選ばれた）

　前の章でもお話ししましたが、原始の真核細胞に取り込まれたシアノバクテリアが細胞小器官「葉緑体」となり、光合成ができる真核細胞（植物の先祖）が生まれました（1.8）。この最初の段階を一次共生と呼びます。そこから「灰色藻」「紅藻」「緑藻」の三者が分岐・進化しました。この三者は単系統の生物で「一次共生植物」と呼ばれますが、「灰」「紅」「緑」の中から、「緑」だけが陸上に上がることができました。なぜでしょうか？

　その秘密の1つが、光合成反応で光を吸収する役割を持つ光合成色素にあると考えられています。葉緑体の元となったシアノバクテリアは、クロロフィルa（青緑）とフィコビリン（青）を持っていて、青緑色です。灰色藻、紅藻、緑藻は、共通の色素であるクロロフィルaの含有量を変化させるとともに、三者三様の色素を進化させました。

　「灰色藻」は、英語ではGlaucophyta（glaucus：地中海の色）で、灰色というより青緑色です。光合成色素はクロロフィルa（青緑）とフィコシアニン（青）が含まれ、シアノバクテリアの光合成色素の構成とよく似ています。

　「紅藻」は、クロロフィルa（青緑）とフィコエリトリン（赤）、カロテノイド（紫）が含まれるため、赤っぽくなります。一般的に知られているものとして浅草海苔が挙げられます。

　「緑藻」は、クロロフィルa（青緑）とクロロフィルb（濃緑）が含まれているので、緑色です。ミカヅキモやボルボックスなどが知られています。

　この三者のうち、緑藻の持つ光合成色素の組み合わせが、最も大気中における光の利用に適しています。実際に緑藻は浅い水辺で暮らしています。それに対して、紅藻は青色の光を利用しやすく、赤い光が届きにくい深い海での生活に適しています。陸上進出に「緑」が選ばれた理由の1つとして、こういった光利用との関係が考えられています。現在、陸上には多種多様な植物が暮らしていますが、実は緑藻の一種である車軸藻類を共通の先祖とする、単一系統の生物群です。さらに一次共生で生まれた藻類を、別の真核生物が丸ごと細胞内に取り込み二次共生させた「二次植物」も生まれました。例えば、コンブやワカメ、ミドリムシなどは二次植物で、陸上植物とは進化的な系統が違います。

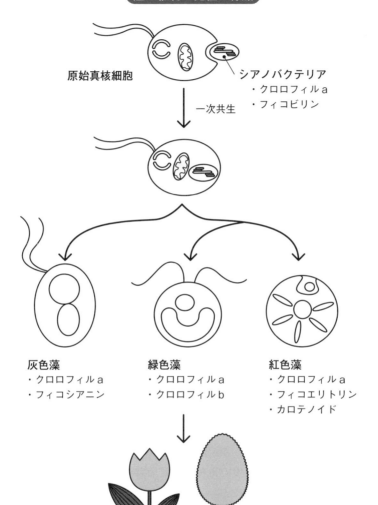

陸上植物の先祖は緑藻

原始真核細胞

シアノバクテリア
・クロロフィル a
・フィコビリン

一次共生

灰色藻
・クロロフィル a
・フィコシアニン

緑色藻
・クロロフィル a
・クロロフィル b

紅色藻
・クロロフィル a
・フィコエリトリン
・カロテノイド

陸上植物

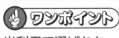 ワンポイント

光利用で選ばれた

2.2 植物が陸上に上がるための壁 （乾燥、光、重力）

　光合成で大量に作り出された酸素が成層圏に達し、約5億年前にオゾン層が形成されました。生命にとても有害な紫外線が、大幅にカットされるようになり、地上で生存できる環境が整ってきました。植物は約4億5,000万年前に、生物としてはじめて陸上に上がったと考えられています。植物は水中で緑藻類から車軸藻類へと多細胞化した後に、現生のコケ植物のような形で陸上に進出したと考えられています。これにより、動物にとって過ごしやすい日陰や食料が陸上に供給され、4億年前頃から始まる動物の陸上進出の足がかりとなりました。その後植物は、コケ植物→シダ植物→裸子植物→被子植物へと進化していきました。

　海で生まれた生命（細胞）にとって水は不可欠です。DNAも脂質もタンパク質も、周りに水分子があることで構造や機能が保てます。水中から陸上への進出は、私たちが突然宇宙空間に放り出されるような劇的な変化だったと考えられます。生命が陸上に進出するために克服しなければならなかった環境の変化は大きく3つ考えられます。

1. 乾燥：周りに豊富に水が存在する海中と違い、乾燥した地上で水を体内に巡らせるためには土壌中の水を汲み上げないといけません。また、細胞から水分が蒸発して奪われない工夫が必要でした。

2. 太陽光：陸上では、細胞に有害な赤外線や紫外線を含む強い太陽光が水に遮られることなく降り注いでいます。

3. 重力：大気の浮力は、海中で得られる浮力の1/1,000です。1Gの重力下で自身の体を支えないといけません。また、陸上では風や雨などとても強い物理的な影響を受けます。

　植物は、陸上で生存するために驚くべき仕組みを獲得しました。それは動物とはかなりコンセプトが異なる仕組みで、植物が独特の形や機能を持つ結果となります。この章では、植物が陸上で独自に進化させた生命機能について触れていきたいと思います。

陸上進出には多くの壁があった

 ワンポイント

植物独自の機能の獲得

2.3 植物を乾燥から守る（クチクラ層と気孔の発達）

　例えば海岸に打ち上げられたワカメなどの海草は、体内の水分が蒸発しすぐにカラカラに干からびてしまいます。植物が乾燥した陸上の大気中で生きていくためには、体内の水分を蒸発させないための仕組みが不可欠でした。そこで植物は体全体に防水加工を施しました。植物は体の最外部にあたる表皮細胞のさらに外側に、水を通さないクチクラ層と呼ばれる構造を作りました。クチクラ層は、細胞壁のすぐ外側にあるクチンとワックスから構成される層（クチンワックス層）と、さらに外側のワックスだけの層（クチクラ外ワックス）の2層構造になっています。植物の葉っぱを濡らしても、水が玉状になってはじかれるのは、クチクラ層があるからです。クチンもワックスも、細胞内の小胞体と呼ばれる細胞小器官の中で、何種類もの酵素（タンパク質）の働きによって合成されます。生合成された前駆体は、その後ABCトランスポーターという細胞膜に存在するこれもタンパク質でできた孔から細胞外に輸送され、細胞壁のさらに外側に達してクチクラ層を形成します。このABCトランスポーターの遺伝子を欠損した突然変異体は、クチクラ層の構造が崩れて葉の水分を保持できなくなります。

　ところが、水の蒸発を防ぐためにクチクラ層で体表を覆ってしまうと、気体も通れなくなってしまいます。そうすると、光合成に必要不可欠な二酸化炭素が取り込めなくなります。そこで、気体交換専用の孔を表面に作りました。これが「気孔」と呼ばれる陸上植物が獲得した特殊な器官です。気孔は、二酸化炭素を取り込むだけでなく、光合成により生じた酸素も排出します。また、根から吸い上げた水も気孔から水蒸気として放出します。それによって生じる水の流れを利用して、植物は様々な物質の輸送を行っています。気孔は2つの細胞（孔辺細胞）が向かい合った唇のような構造をしています。この2つの孔辺細胞の形が変化することによって、孔の大きさが調節されます。孔の大きさは乾燥と光合成との兼ね合いで絶妙にコントロールされています。この制御にも、光を感知するタンパク質など、細胞内のタンパク質の働きが関わっています。そのメカニズムに関しては後ほど詳しく解説します（3.9）。

クチクラ層と気孔

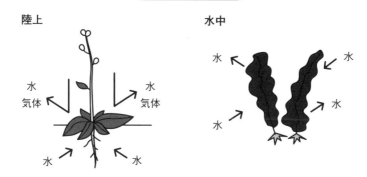

陸上

水　気体　　水　気体

水　水

水中

水　水

水　水

防水

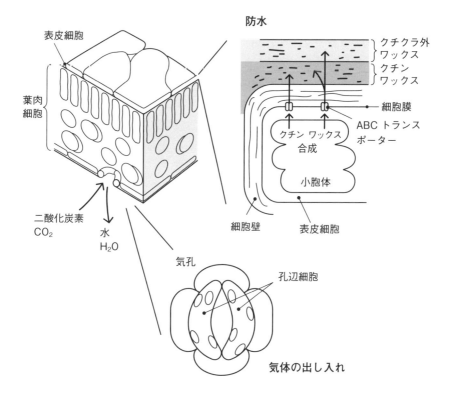

表皮細胞

葉肉細胞

二酸化炭素 CO_2

水 H_2O

クチクラ外ワックス
クチンワックス

細胞膜

ABC トランスポーター

クチン ワックス合成

小胞体

細胞壁　　表皮細胞

気孔

孔辺細胞

気体の出し入れ

 ワンポイント

防水と気体の出し入れ

2.4 光から守る（光耐性）

　太陽の光を求めて立ち上がり成長していく植物は、光が大好きな生き物のように思えます。しかし私たちと同じように強すぎる光は苦手なようです。光が強くなると、葉緑体はどんどんと光エネルギーを吸収していきます。それにつれて光合成活性も上がっていきますが、あるところで使いきれなくなってしまいます。余ったエネルギーは細胞内にあふれ出し、活性酸素が作られるようになります。活性酸素はとても反応性の高い物質で、植物の細胞やDNAを傷つけてしまいます。

　動物は移動できるので、光が強ければ日陰に避難すれば良いだけです。ところが動けない植物にはそれができません。しかし植物にも強い光を避けるシステムが個体、細胞、タンパク質レベルで備わっています。

　個体レベル：個体が強い光を回避するシステムとして、葉の角度を変えて強い光を避けることが知られています。例えばマメ科の植物などは、光が弱い朝夕には葉をいっぱいに広げて光を受けますが、日差しの強い日中は葉を立ち上げて日光があたりにくくなるように工夫しています。この反応には次章で登場する「植物が光を感じる仕組み（3.2）」「感じた刺激を体の各箇所に伝える仕組み（3.6）」「植物も運動する（3.8）」といった細胞の仕組みが使われています。

　細胞レベル：細胞にも強い光を回避する仕組みが備わっています。これは葉緑体が、光の強さによって細胞内でのポジションを変化させる「葉緑体光定位運動」という仕組みです。こちらも次章で「光から逃げる仕組み（3.3）」で詳しく解説します。

　タンパク質レベル：タンパク質による回避システムが葉緑体の中に存在します。葉緑体のチラコイド膜には光合成に関わる光化学系1と光化学系2と呼ばれるタンパク質複合体が存在します（1.8）。集光アンテナ（LHC）と呼ばれるタンパク質は、吸収した光エネルギーを光化学系タンパク質へと運ぶ重要な役割を担っています。この集光アンテナタンパク質は、強い光があるときは光化学系1、2の両方に結合し、光が弱いときは光化学系1から離れ、光エネルギーの供給量を調節しています。これをステート遷移と呼び、光の強さによって最適な光合成活性が調節されています。

光から守る

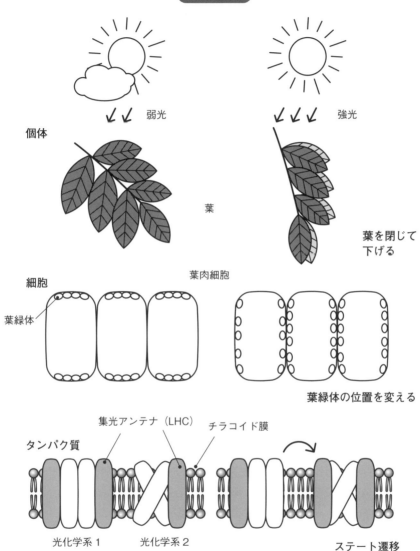

弱光

強光

個体

葉

葉を閉じて
下げる

細胞

葉肉細胞

葉緑体

葉緑体の位置を変える

タンパク質

集光アンテナ（LHC）

チラコイド膜

光化学系 1　　光化学系 2

ステート遷移

 ワンポイント

強すぎる光は苦手

2.5 重力から守る（体を支える細胞壁）

　植物細胞と動物細胞の大きな違いの1つとして、植物細胞の外側が固い細胞壁で囲まれているのに対し、動物細胞はそれを持たないということが挙げられます。細胞壁を持つか持たないかの選択は、海洋生活をしていた真核生物の進化の初期になされたと考えられています。陸上植物は、浮力の少ない地上で、1Gの重力に対し立ち上がるために、力学的強度が非常に高いセルロースを主体とした強い細胞壁構造を発達させてきました。陸上植物のご先祖である車軸藻類の細胞壁成分もセルロースで構成されています。一方で、それ以外の藻類はセルロースが主成分ではありません。光の利用だけでなく細胞壁の力学的な強さも、車軸藻類が陸上化できた原因の1つではないかと考えられています。

　セルロースを主成分とする細胞壁は、コンクリートより強固な構造です。人工的な鉄筋コンクリートの建物の耐用年数がせいぜい100年ぐらいなのに対し、木造建築物である法隆寺が1,400年たった今なお形をとどめていることからもわかります。セルロースは光合成によって合成されたグルコースがグリコシド結合により直鎖状に重合した天然高分子です。セルロースは、細胞膜に存在するセルロース合成酵素（タンパク質）によって合成され、細胞外へと送り出されます。このセルロースが数十本の束を形成して水素結合により結晶化し、セルロース微繊維を形成します。そのセルロース微繊維が規則正しく細胞外に紡がれることで、重力にも風にも負けない強固な植物の細胞壁が形成されます。

　細胞壁には、マトリックスと呼ばれる多糖類も含まれます。成長初期の主な多糖類はキシログルカンやペクチンです。これらは小胞体やゴルジ体といった細胞内器官の中で多数のタンパク質酵素群の共同作業で作られます。その後、細胞内の輸送システム（1.13）によって細胞膜の外側に送られます。マトリックス多糖類は、鉄筋であるセルロース同士をつなげるコンクリートのような役割をしているといわれます。細胞成長が止まった後には、リグニンと呼ばれる高分子が加わり、細胞壁の木化が進み、さらに力学的な強度が加わります。

　セルロースは、光合成により作り出される地球上で最も多く存在する炭水化物であり、バイオマスそのものといえます。近年、この細胞壁からバイオマスエネルギーを取り出そうという試みもされてきています。

細胞壁の構造

陸上植物

細胞壁

細胞

細胞膜

細胞壁

細胞

膨圧

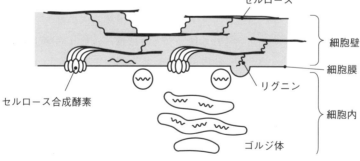

セルロース

細胞壁

細胞膜

リグニン

セルロース合成酵素

細胞内

ゴルジ体

 **ワンポイント**

セルロース主成分の細胞壁はコンクリートより強い

2.6 セルロースを規則正しく紡ぎ出し細胞の形を決める仕組み

　細胞壁は植物を支える構造としてだけでなく、植物細胞の成長方向や形を決める上でもとても重要な役割を果たしています。そこには、動物細胞とは全く違った仕組みが働いています。

　まずは、細胞壁のセルロース合成装置が細胞外にセルロース微繊維を紡いでいく精密なシステムを紹介します。もちろんこのシステムの主役は様々な機能を持ったタンパク質たちです。細胞内のグルコース（糖）からセルロースを合成するのは、細胞膜に存在するCesAという名のセルロース合成酵素（膜タンパク質）です。CesAは6分子が集合し、さらにその集合体が6個集まって働いています。電子顕微鏡で植物細胞膜の表面を観察すると、複合体が花束のような形に見えることからロゼッタとも呼ばれています。CesAは、細胞内のグルコース分子をつなぎつつ、細胞膜上をゆっくりと進みながらセルロースを細胞外に押し出します。CesAは1分間に150〜500nm移動することから、1分間に300〜1,000分子のグルコースをつないでいる計算になります。そしてロゼッタあたり同時に36本のセルロースが押し出され、結晶化し束ねられることでセルロース微繊維が細胞外に紡ぎ出されていきます（2.5）。

　細胞壁のセルロース微繊維を観察すると、きれいに方向が揃っています。すなわち、細胞膜上でのロゼッタの進む方向がきちんとコントロールされているのです。このロゼッタの方向性を決めているのも、細胞内のタンパク質だということがわかってきました。それは微小管と呼ばれる、チューブ状の細胞骨格タンパク質の一種です（4.2）。動物細胞にも植物細胞にも存在しますが、植物の場合は、細胞膜直下に非常に規則正しく整列していることが知られていました（植物細胞が伸びる方向に対し垂直な向きで、表層微小管と呼ばれています）。近年、蛍光タンパク質の遺伝子を融合することによって、CesAを緑で、微小管を赤で光らせつつ、生きたまま両者の動きを顕微鏡で観察することが可能となりました（5.11）。その研究から、ロゼッタはリンカータンパク質（CSI1）を介して、微小管と細胞内側で相互作用し、あたかも手すりにつかまりながら移動しつつセルロースの繊維を紡いでいることがわかりました。すなわち、細胞内の微小管の並びが、細胞外のセルロースの並びを決めているわけです。

セルロース合成の精密なシステム

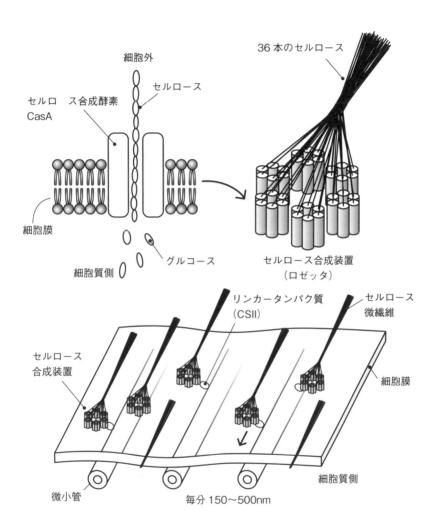

細胞外

セルロース

36 本のセルロース

セルロース合成酵素
CasA

細胞膜

グルコース

細胞質側

セルロース合成装置
（ロゼッタ）

リンカータンパク質
（CSII）

セルロース
微繊維

セルロース
合成装置

細胞膜

細胞質側

微小管

毎分 150～500nm

 ワンポイント

手すりにつかまり移動しつつ繊維を紡ぐ

2.7 動物と全然違う植物細胞の成長の仕組み

　植物細胞は、重力や風などの陸上の環境に耐えるために、固い細胞壁で全身を覆いました。しかしその植物を構成する細胞はときには$100\mu m$以上と動物細胞の数倍の大きさに成長します。では、固い細胞壁で囲まれた植物細胞が成長したり、ときに曲がったりできる秘密は、細胞壁と膨圧の関係にあります。

　動物細胞の外側は、生理的食塩水である体液で満たされており、塩の濃度は細胞内（カリウムイオン140mM）と細胞外（ナトリウムイオン140mM）で等しくなっています。例えば、血管内に真水が大量に入ってしまうと、赤血球に水が流入し破裂してしまいます（溶血）。これは、細胞膜が半透膜と呼ばれる性質を持ち、水が塩濃度の低いほうから高いほうへと移動するからです。一方、植物の細胞の外は水で満たされています。ですので、常に水が細胞膜を通して細胞中に入ろうとしています。しかし、植物細胞の周囲は細胞壁でがっちりと支えられているため、細胞が破裂することはありません。結果、植物細胞には細胞壁を押し広げようとする「膨圧」と呼ばれる圧力が常にかかっています。浅漬けを作るときに野菜を塩水に浸すと萎びてしまうのは、細胞から水が出て行くと同時に膨圧が失われるためです。膨圧の力はとても大きく1MPa近くになり、タイヤの空気圧（0.2MPa）の5倍ぐらいになります。それでも、セルロースを繊維方向に伸ばすことはできません。ただ、セルロース繊維は細胞の一方向に平行に規則正しく配列しています（2.6）。そのため膨圧は、セルロース繊維同士の隙間を広げることはできます。結果、植物細胞は、セルロース繊維に対して垂直に、縦長に均等に成長します。これを伸長成長と呼びます。

　この伸長成長は、植物ホルモン（3.7）の一種オーキシンによって制御されていることが知られています。オーキシンの濃度が高くなると、細胞膜のカリウムチャネルという膜タンパク質が活性化し、細胞内のカリウム濃度が高まり膨圧が上がります。同時に、細胞膜のプロトンポンプというタンパク質が活性化し、プロトンを汲み出すことで細胞外を酸性化します。酸性化は細胞壁のマトリックス多糖類（2.5）による架橋を緩めるタンパク質（エクスパンシン）を活性化し、セルロース繊維間の隙間を作りやすくします。重力や光に応答して茎が曲がる際に、屈曲の外側の細胞でこういった反応が積極的に行われます。

セルロースの向きと垂直に成長

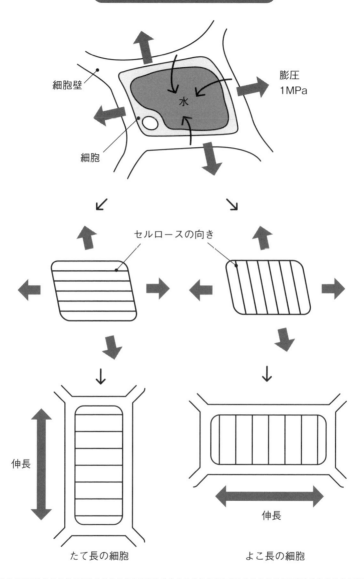

細胞壁

膨圧
1MPa

水

細胞

セルロースの向き

伸長

たて長の細胞

伸長

よこ長の細胞

膨圧で伸ばして植物ホルモンが制御

2.8 植物の細胞が形を作る仕組み（拡散成長と先端成長）

　2.7で説明した植物細胞の伸長成長は、茎や根や葉など一般的な植物組織の細胞が成長するときの方法です。細胞壁が細胞長軸に対して均等に伸びることから「拡散成長」と呼ばれています。一方で、根毛や花粉管などチューブ状に長く伸びる特殊な植物細胞では、拡散成長とは違った成長メカニズムが働いています。細胞壁が先端部分でどんどん作られて成長することから、「先端成長」と呼ばれています。この先端成長には、小胞輸送というメカニズムが関わっています（1.13、1.14）。この小胞の中には、細胞壁の成分やセルロース合成酵素が積み込まれています。小胞は先端へと輸送され、細胞先端の細胞膜と「融合」し、中身を細胞外に吐き出し新たな細胞壁が作られます。さらに、小胞由来の生体膜は、成長に必要な細胞膜をどんどん供給することになります。花粉管の伸長速度は早く、1時間に1mm以上に伸びることもあります。成長に必要な小胞は根毛や花粉の基部から運ばれてきますが、このように速い成長にどうやって追いついているのでしょうか？そこには、アクチンフィラメントという名前の繊維状の細胞骨格タンパク質とその上を運動するミオシンという名前のモータータンパク質が働いています（4.2、4.3、4.4）。根毛や花粉管では、何本ものアクチンフィラメントが細胞の長軸方向に並んでいます。ミオシンはお尻に小胞をくっつけて、アクチンフィラメント上を運動します。先端まで到達すると、積荷である小胞を手放し、逆方向のアクチンをたどって戻っていきます。根毛や花粉管の成長には膨圧も関わっているのですが、このようなタンパク質による輸送がとても重要です。

　さらに、拡散成長と先端成長が混在し複雑な細胞の形を作る例もあります。例えば、葉の表皮細胞はジグソーパズルのピースのような複雑な形をしています。これは、細胞のある部分が先端成長で突出し、他の部分が拡散成長することで、このような複雑な形が作り出されます。この形作りにはROPと呼ばれるタンパク質により制御されていることがわかっています。表皮細胞の突出したい部分にROPが集まり、そこにアクチンフィラメントを集合させ先端成長を促し、逆に微小管を排除して拡散成長を押さえるという機能があるようです。

先端成長（花粉管、根毛）

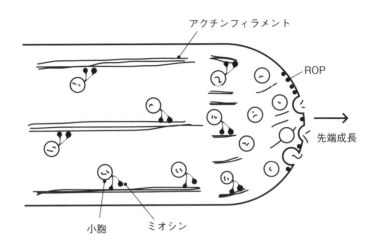

アクチンフィラメント

ROP

先端成長

小胞　　ミオシン

先端と拡散成長（表皮細胞）

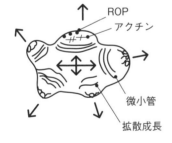

先端成長

ROP
アクチン

微小管

拡散成長

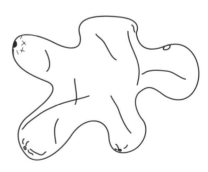

🌱 ワンポイント

骨格タンパク質とモータータンパク質による輸送

2.9 植物の細胞は壁を作って分裂する（フラグモプラスト、細胞板）

　動物も植物も1つの細胞が分裂することによって増えます。真核細胞では、細胞分裂の前にゲノムDNAがDNA合成酵素（DNAポリメラーゼ）と呼ばれるタンパク質の働きによって、正確に複製されます。ゲノムが倍加した後、核膜が崩壊し、複製されたゲノムを持つ染色体が凝集してひも状になり、細胞の赤道面に並びます。次に、紡錘体と呼ばれる微小管という細胞骨格タンパク質で作られた紡錘状の構造が形成され、その両極に染色体が移動します（核分裂）。その後、細胞が2つに分かれ（細胞質分裂）、2つの細胞ができ上がります。

　核分裂の大まかな仕組みは、動物も植物もおおよそ同じだと考えられています。ところが、核が分裂した後の細胞質分裂の仕組みは、動物と植物でかなり違っています。動物細胞の場合は、核が分かれた中間に収縮環と呼ばれるタンパク質のリング状構造が形成されます。このリング状構造は、アクチンフィラメントとミオシンという筋肉の収縮を発生しているタンパク質と同じものでできています。両者が筋肉のように収縮して、リング構造が絞られることで、あたかも細胞がくびり切られるようにして、2つの細胞に分かれます。一方、植物細胞は固い細胞壁で囲まれています。ですので、くびり切りとは全く違ったメカニズムで細胞を2つに分けます。植物細胞の分裂は、分かれた核の中間に新しい細胞壁（細胞板）ができることで起こります。あたかも、部屋をパーティションで区切るような仕組みです。この仕組みを司るのが、隔膜形成体と呼ばれるタンパク質の複合体からなる構造です。構造の主役は紡錘体を形成していたものと同じ微小管と呼ばれる細胞骨格タンパク質です。微小管は、新たな分裂面に対して垂直に整列しています。ここに細胞壁マトリックス成分を積み込んだ小胞（1.13、1.14）が集まり、細胞の分裂面へと集中的に運ばれます。集まった小胞は分裂面で融合して、円盤状の構造を形成します。融合が繰り返されることで円板が外側へと成長していき、元の細胞壁に到達して仕切りが完成します。その後、セルロース微繊維がマトリックス内に沈着していくことによって、新たな細胞壁が娘細胞の間に完成します。

動物、植物の細胞分裂

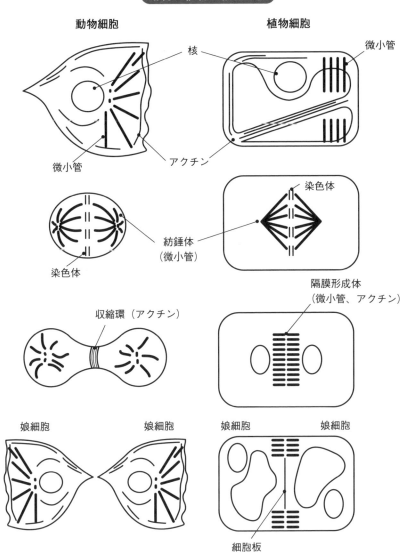

動物細胞　　　　　　　　植物細胞

核

微小管

微小管

アクチン

紡錘体
（微小管）

染色体

染色体

収縮環（アクチン）

隔膜形成体
（微小管、アクチン）

娘細胞　　　　　娘細胞

娘細胞　　　　　　　娘細胞

細胞板

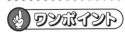　ワンポイント

くびり切りとパーティションの違い

2.10 壁があっても細胞はつながっている（原型質連絡）

　多細胞生物の場合、隣り合った細胞同士は互いに連絡し合わないと組織として協調した働きができません。動物細胞と植物細胞では、細胞同士のつながり方も違っています。動物細胞の場合、細胞同士で直接分子をやり取りする方法として、ギャップ結合というものがあります。ギャップ結合には、細胞膜に埋め込まれたコネクソンと呼ばれる膜タンパク質の複合体がトンネルのような役割をしています。隣り合った細胞膜に存在する2つのコネクソンが結合し、細胞間の2〜4nmの薄い隙間（ギャップ）を連絡する通路を作っています。コネクソンが作るトンネルの幅はわずか1.5nmでイオンや小分子だけが通り抜けることができます。ギャップ結合により細胞質がつながっているおかげで、動物細胞間では電気的なコミュニケーションができます。例えば、心臓では電気的興奮が同調的に伝わり、細胞間で協調的な収縮が起こって組織全体として心拍が生じています。それとは別に、免疫系細胞などでは、細胞同士をつなぐ膜ナノチューブという、細胞膜でできた細長いチューブ構造も存在します。

　一方、植物細胞では固くて厚い細胞壁が細胞同士を仕切っています。したがって、動物のギャップ結合のようなタンパク質の通路を作るのは難しいことがわかります。しかし植物にもギャップ結合と同じような働きをする構造が存在します。それは原形質連絡と呼ばれる構造です。ギャップ結合と違うところは、隣の細胞同士の細胞膜が、細胞壁の小さい孔を通してつながっていることです。その穴の中にはデスモ小管と呼ばれる小胞体の一部も通っています。動物との大きな違いは、隣り合った細胞同士が空間的につながっているため、植物は細胞同士で細胞質を共有しています。植物において細胞質で共有されている空間をシンプラスト、それ以外の細胞壁の間隙などをアポプラストと呼びます。原形質連絡の孔は50nmぐらいで、ギャップ結合よりかなり大きいため、多少大きい分子でも通れるようになっています。例えば、無機イオンや転写因子などの小さなタンパク質、あるいはRNAなども通過できます。植物ウイルスなどは、原形質連絡を介して植物体内で感染域を広げていくことが知られています（コラム、P126）。

ギャップ結合と原形質連絡

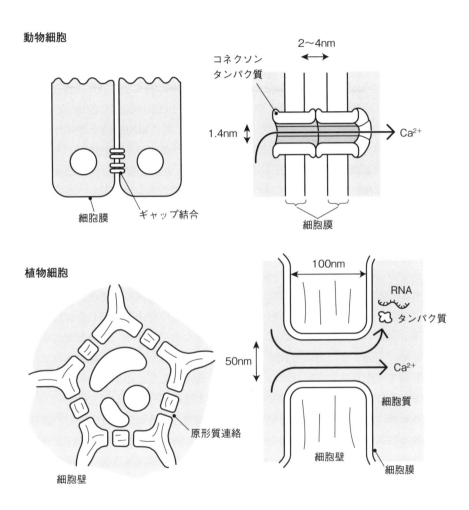

動物細胞

コネクソン
タンパク質

2〜4nm

1.4nm

Ca²⁺

細胞膜

ギャップ結合

細胞膜

植物細胞

100nm

RNA

タンパク質

50nm

Ca²⁺

細胞質

原形質連絡

細胞壁

細胞壁

細胞膜

 ワンポイント

植物は細胞同士で空間を共有

2.11 光を目指して立ち上がった

　当初陸上に進出した植物は、コケのように湿った水際で地面にへばりついて生活していたと思われます。そのうち、より光合成に必要な光を求めて、立ち上がろうとするものが現れました。陸上で2次元的に生活していた植物が、光を求めて3次元的な形を取り始めました。それは約4億4,400万年前頃で、シダの仲間だったと考えられています。4億5,000万年前の植物の陸上進出から、600万年ぐらいたった頃でした。その後3億5,900万年前から2億9,900万年前の古生代石炭紀には、ロボクやリンボクなどの高さ20mを超える巨大な木生シダ植物が大繁殖しました。それらの化石が、現在私たちが燃料として使っている石炭の元となりました。

　シダ植物が陸上で立ち上がるためには、大きな2つの問題がありました。先にも書いたように重力と水です。重力には、強い細胞壁を作ることで対応しました。一方、これまで生活していた水辺と違い、立ち上がった空中には水はありません。しかし、細胞が生きていくためには、常に周囲が水で満たされていなければなりません。植物は、水を地面から吸い上げ空中に展開した組織に輸送するシステムを獲得しなければなりませんでした。そこで、体を地面に固定するために発達させた組織「仮根」に、維管束と呼ばれる通道組織を作りました。維管束は細胞壁で作られたパイプ状の構造が束になったような組織で、根から茎、そして葉の隅々まで張り巡らされるようになりました。

　これは陸上植物にとっては画期的なインフラで、水を運ぶだけでなく、細胞に必要不可欠な栄養塩類（窒素やリンやカリウム）を地中から吸い上げ、地上の植物全体に行き渡らせることができるようになりました（2.12.道管）。さらに、葉の光合成で作られた炭水化物を逆方向に輸送して、根や種子など光合成をしない組織に送る別経路も作られました（2.13.篩管）。この「維管束」と呼ばれる植物特異的な通道システムは、その後の陸上植物にとって不可欠な仕組みとなり、高等植物と呼ばれる裸子植物や被子植物にも受け継がれています。

水と栄養を運び重力にも耐える

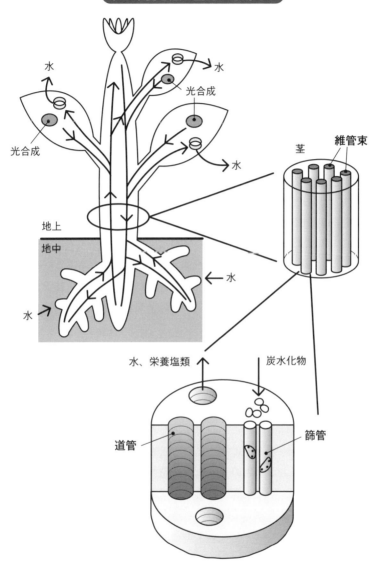

 ワンポイント

維管束は植物特異の通道システム

2.12 植物の血管、維管束（道管）

　アスパラガスを包丁で輪切りにしてみると、切り口に丸い孔をたくさん見ることができます。これが「維管束」です。葉の葉脈にも「維管束」が存在し、葉に水を行き届かせると同時に、葉の光合成産物である糖を根や他の組織に運びます。「維管束」は、葉で作られた光合成産物（糖）や根から吸収した水や養分（無機塩類）を植物全体に行き渡らせる通道システムです。また、植物の体を機械に支持する柱としても働きます。もし「維管束」がなければ、植物は地上で立ち上がることができなかったと考えられます。

　「維管束」は、植物の中心側に位置する木部（もくぶ）と、外側に位置する篩部（しぶ）に分けられます。木部の役割は、植物の体を支持することと、根（地下部）から吸い上げた水や養分を葉や茎（地上部）に送り届けることです。被子植物では、木部繊維細胞と呼ばれる縦に長い細胞が体を支えています。繊維細胞は成長すると非常に分厚い細胞壁を持つようになり、その細胞の束で植物の茎をしっかりと支えます。

　一方、水の通道には、道管と呼ばれる細胞壁で作られた筒状のパイプが働きます。道管は、地下にある根から茎や葉の先までつながっています。水は、根の細胞が吸い上げようとする力（根圧）と、葉から水が蒸散されて生じる陰圧で、地上の葉や組織まで吸い上げられます。この陰圧によって、数十ｍの樹木の先端まで水を吸い上げることが可能になると考えられています。そこで道管は高い陰圧でへしゃげないように、細胞壁の内側が環状や螺旋状になっていて、あたかも掃除機のホースのような構造をしています。道管は、もともと生きた細胞（道管細胞）がその細胞壁構造を構築して、その後細胞が死んで作られたものです。螺旋状などの道管のユニークな細胞壁のパターンは、細胞が生きていた時の、細胞骨格タンパク質である微小管の配向パターンによって作られます（2.6、2.7）。その時の微小管の配向は、微小管を脱重合させるkinesin-13というタンパク質とそれらを制御するROPやMIDD1というタンパク質であるということがわかってきました。

維管束の内部と道管、筬管

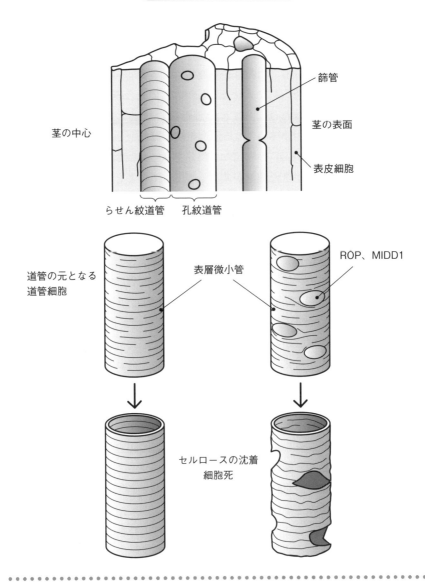

篩管

茎の表面

茎の中心

表皮細胞

らせん紋道管　孔紋道管

道管の元となる
道管細胞

表層微小管

ROP、MIDD1

セルロースの沈着
細胞死

道管は高い陰圧に耐えられる構造

2.13 植物の血管、維管束（篩管）

　動物では、食物から吸収した糖は血管を流れて各器官・細胞へと輸送されます。植物には心臓も血管もありません。しかし葉の光合成で作られた炭水化物（糖）を全身に送らなければならず、それ専用の通道システムが作られました。それが維管束におけるもう1つの通道組織、篩部（しぶ）の役割です。糖は篩部にある篩管（しかん）と呼ばれる部分を通って長距離輸送されます。道管と違うのは、篩管が生きた細胞が連なってできているということです。これは、篩管の輸送の原動力として、生体膜を介した糖の濃度差を利用するためです。篩管の細胞が接する部分は原形質連絡による大きな孔がいくつも空いており、篩（ふるい）のようになっています（篩板）。これが篩管の名前の由来です。篩管細胞は生きていますが、発達の過程で核を失うためにタンパク質合成ができません。そこで、伴細胞と呼ばれる細胞が、篩管細胞に隣接していて、原形質連絡を介して細胞に必要なタンパク質を届けています。

　篩部を通って糖などの物質が長距離移動することを「篩部転流」といいます。心臓のようなポンプがない植物で転流が発生するために、糖の浸透圧差を利用したメカニズムが考えられています。光合成で作られた糖は、葉の葉肉細胞から伴細胞、膜に存在するスクローストランスポーターと呼ばれる輸送体タンパク質を介して篩管内に積み込まれます。このように、糖を生産したり、積み込まれたりする細胞や器官のことを「ソース」と呼んでいます。これに対して、糖を利用したり貯蔵したりする種子やイモなどの細胞や器官のことを「シンク」と呼んでいます。篩管における糖の流れは、ソースとシンクの間で発生する浸透圧の差によって駆動されると考えられています。つまり、ソース付近の篩管では、糖が積み込まれ糖濃度が高まります。このため水が周囲から篩管内に流入して膨圧が高まります。一方、シンク付近では糖が積み下ろされるので、膨圧が低下します。結果、糖はソースからシンクという方向で流れます。道管の輸送は常に植物の根から葉へと一方向です。しかし篩部では、糖濃度差があれば、葉から種子、葉から地下茎へと上下いろいろな方向に輸送することができます。この通道システムで糖は1時間に0.3〜1.5m程度移動できると見積もられています。

篩管の役割

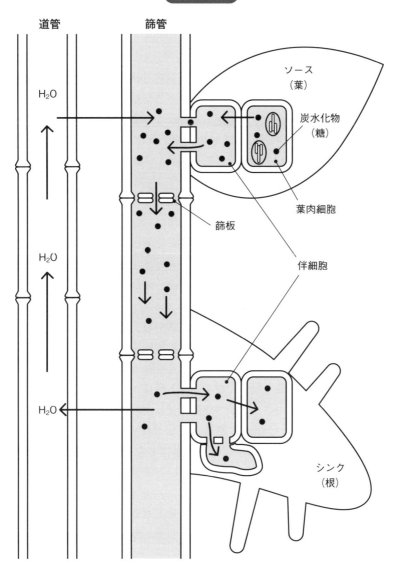

道管　　　篩管

ソース
（葉）

H_2O

炭水化物
（糖）

葉肉細胞

篩板

伴細胞

H_2O

H_2O

シンク
（根）

糖の流れは浸透圧の差で駆動

2.14 子孫を残す仕組みの進化

　陸上に上がったコケ植物は、クチクラを発達させ乾燥に耐えられるようになりました。そこに気孔を発達させることでガス交換も可能となりました。次にシダは、維管束を発達させ立ち上がることができました。クチクラ、気孔、維管束といった構造はその後、裸子植物、被子植物へと受け継がれていきました。さらに、これらとは別に陸上植物がもう1つ進化させたとても重要な仕組みがあります。それが子孫を残す仕組みです。

　例えば、裸子植物までは、植物も動物と同じように精子が水中を泳いで卵にたどり着き受精していました。この受精方法は、乾燥する地上ではあまり適した方法ではありませんでした。また動けない植物は、有性生殖のために精子や卵を、違う個体がいるところまで飛ばさなくてはなりません。コケ植物やシダ植物は胞子を飛ばし交配を試みていましたが、乾燥に弱く栄養分を蓄える能力も低くて陸上では問題がありました。

　こういった問題を克服するため、裸子植物や被子植物は、種子という仕組みを作りました。(3億6,000万年前)。胞子が比較的単純な構造だったのに対し、種子は受精卵を守るためにかなり複雑な構造を持つようになりました。ただ、裸子植物では、受精の後、種子になる胚珠と呼ばれる部分がむき出しで裸の状態で大事なところが傷つきやすいのが難点でした。しかし被子植物になると、この部分が劇的に改善されます。胚珠が雌しべの子房と呼ばれる部分の中に包まれるようになりました。子房はやがて果実となって種子を保護するとともに、鳥や動物に食べられることでより遠くへと子孫を飛ばすことができるようになりました。

　加えて被子植物は、乾燥した大気中を移動できる生殖細胞「花粉」を進化させました。花粉は雌しべの柱頭につくと花粉管を伸ばし精細胞を卵細胞まで送れるため、乾燥の心配がなくなりました。

　地上環境に最も適応した生殖システムを獲得した被子植物は、現在約240,000種で、他の陸上植物であるコケ植物(約26,000種)、シダ植物(約15,000種)、裸子植物(約800種)を圧倒的に上回りました。

生殖システムの変化

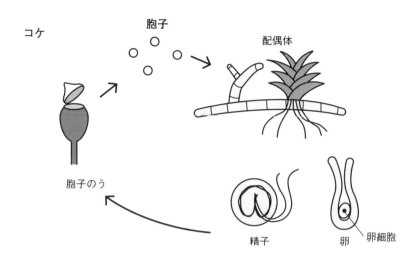

コケ　　胞子　　配偶体

胞子のう

精子　　卵　卵細胞

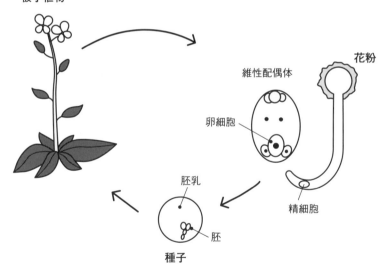

被子植物

花粉

雌性配偶体

卵細胞

精細胞

胚乳

胚

種子

ワンポイント

被子植物は種子と花粉を進化

2.15 植物と動物の生き方（動かない独立栄養生物、動く従属栄養生物）

　動物と植物は共通の先祖を持ちながら、生物として全く異なったコンセプトで全く異なった進化を遂げてきました。動物と植物の大きな違いは、動物が自由に動き回れるのに対し、植物は一度根を下ろしたところから生涯動くことができないということだと思います。また、植物は自分が生きていくエネルギーや栄養を、太陽光から光合成により作り出すことができる「独立栄養生物」です。一方動物は、エネルギーや栄養を他の生物を捕食することによって得なければいけない「従属栄養生物」です。光合成でエネルギーを作って、動き回れる、動物－植物のハイブリッドが一番いいのではと思ったりもしますが、そういうわけにはいかないようです。

　動物が動くということは、莫大なエネルギーが必要です。私たちが、1日3食、食べ物を食べないとすぐに動けなくなることからも想像できます。例えば、人の細胞に葉緑体が備わって太陽の光エネルギーで生きていこうと思えば、一日中ほとんど動かずに太陽の方向を向いて生活する必要があるでしょう。それはもはや植物です。このように、「動かないこと」と「独立栄養」、「動くこと」と「従属栄養」はセットになっています。動物は食べた炭水化物の多くを運動のためのエネルギーとして使い、残ったエネルギーで成長します。ですので、私たちが牛や魚の肉を食べる肉食は、とてもロスの大きい食スタイルだといわれています。例えば、牛肉1kgを作るのに、10kgのトウモロコシと大量の水が必要です。地球温暖化の防止策の1つとして、食肉の割合を減らすことも挙げられています。

　動物は常にエネルギーを使って動く生き物です。それは、食べ物を得るため、生殖相手を探すため、環境の変化から逃れるため、捕食者から逃れるため、だと考えられます。一方動かない植物は、光合成でエネルギーを得て、花粉を飛ばして生殖相手を探し、環境の変化には自身の姿形を変え、捕食者からは棘や匂いや毒を身にまとうという手段を身につけました。これらの手段は、すべて植物が独自に進化させたタンパク質の働きによるものです。次の章では、植物が発達させた特殊な機能をタンパク質レベルで話していきたいと思います。

牛肉1kg作るのに牧草10kgと大量の水が必要

牛肉 1kg

光合成

牧草 10kg

 ワンポイント

肉食はロスが多い

植物の進化

　約4億5,000万年前に緑色藻類が上陸してから、現代までの植物の進化を年表にまとめました。植物は、陸上環境に適応するため、気孔や維管束、種子や花粉といった植物特有の器官を発達させ、動物とは全く異なった進化を遂げました。それぞれの出来事は、表記した数字の項で解説しています。

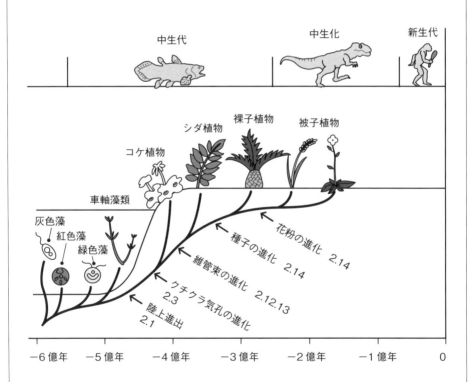

第 3 章
植物が発達させた特殊な機能

3.1 光からエネルギーを得る仕組み（光合成）

　地球上の生命が使うほとんどのエネルギーは光合成によって作り出されています。光合成は、太陽の光エネルギーを利用し、二酸化炭素と水から、炭水化物を得る反応です。下記のような化学式で表されます。

$6CO_2$（二酸化炭素）$+12H_2O$（水）$\rightarrow C_6H_{12}O_6$（炭水化物）$+6H_2O$（水）$+6O_2$（酸素）

　光合成は、植物細胞内の細胞小器官の一種、シアノバクテリアを起源とする葉緑体（1.8）で行われています。光合成もタンパク質の働きにより進められる反応です。葉緑体は、シアノバクテリア由来の二重の葉緑体膜（外膜と内膜）を持ち、細胞質と仕切られています。葉緑体の内部には、膜で包まれた小さい袋状のチラコイドと呼ばれる構造が存在しています。それが積み重なった構造はグラナと呼ばれています。チラコイドの外側で液体に満たされた空間をストロマと呼んでいます。光合成は、1.チラコイド膜上で起こるチラコイド反応と、2.ストロマで起こるストロマ反応の2段階で行われます。

1. チラコイド反応

　光エネルギーを化学エネルギーに変換する「光エネルギー変換反応」が起こっています。チラコイド膜に存在する「光化学系」と呼ばれるタンパク質複合体（1.8、光を吸収できるクロロフィルなどの光合成色素を持つ）が、光（主に赤色光と青色光）を集めて化学エネルギーへと変換します。

2. ストロマ反応

　チラコイド反応で得られた、化学エネルギーを利用し、二酸化炭素から炭水化物（糖）を合成します。この反応はカルビン・ベンソン回路と呼ばれ、ルビスコなどのタンパク質酵素が働いています。

　太陽から地球に届くエネルギーは1.8×10^{17}Wと膨大で、1時間で全人類が1年間に使うエネルギーを賄えます。このうち0.1%が光合成によって吸収されます。さらに植物が炭水化物に変換し私たちの食料になるのはこのうち5%程度、つまり、地球に届く太陽エネルギーのわずか0.005%によって地球上の生命エネルギーが賄われていることになります。

葉緑体内のチラコイド反応とストロマ反応

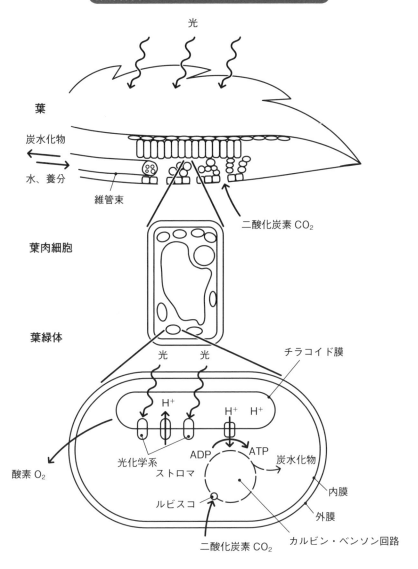

光

葉

炭水化物

水、養分

維管束

二酸化炭素 CO_2

葉肉細胞

葉緑体

光　　光

チラコイド膜

H^+

H^+　H^+

光化学系

ADP　　ATP

炭水化物

酸素 O_2

ストロマ

内膜

ルビスコ

外膜

二酸化炭素 CO_2

カルビン・ベンソン回路

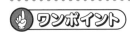 **ワンポイント**

太陽エネルギーの 0.1％ を光合成が吸収

3.2 植物が光を感じる仕組み

　植物が光を効率良く受け取るために、太陽の方向に葉や花を曲げる仕組み（光屈性）が知られています。すなわち、植物は光を感じることができます。また、芽生えや開花のタイミングも周辺の光を感じて調節されます。

　この仕組みには、「光受容体」と呼ばれるタンパク質が働いています。光合成でも働いているような、光を吸収できる色素と結合したタンパク質です。光を感受するタンパク質としてよく知られているのは、動物の目の網膜の細胞に存在するロドプシンです。ロドプシンは、オプシン（タンパク質）にレチナール（色素）が結合した複合体です。植物では動物とは異なった光受容体タンパク質が働いています。例えばフィトクロムというタンパク質は、赤色光で活性化され、遠赤色光で不活性化されます。フィトクロムは、花の形成や発芽、葉が光合成を始める時期など、様々な部分をコントロールしています。光合成には赤色光が使われるので、周辺に他の植物がたくさん茂ると、周囲の光の中の赤色光の割合が少なくなります。植物はフィトクロムを使って赤色光と遠赤色光を見分けて、周りの植物の茂り具合を感じつつ、自身の成長をコントロールすることが知られています。植物ではその他に、フォトトロピンやフィコビリンなど、青色光を受容するタンパク質も知られています。フォトトロピンは、葉緑体が光の強弱で逃げたり集まったりする現象（3.3）や、葉の気孔の開け閉めをコントロールする現象（3.9）あるいは光屈性などで使われています。

　光を受容した光受容体タンパク質は、その後どのような仕組みで細胞や植物に作用しているのでしょうか？シグナル伝達を介して他のタンパク質の働きを次々と活性化する場合が多いですが、光受容体タンパク質が直接遺伝子の発現をコントロールしている場合もあります。例えば、不活性型のフィトクロムは細胞質に存在します。ここに赤色光が当たると、フィトクロムが活性化され核の中へ移動します。活性型のフィトクロムは、核内で「転写因子」と呼ばれるタンパク質を分解します。「転写因子」とは遺伝子配列の上流に結合して、転写活性をコントロールするタンパク質です。その結果、転写因子が制御している遺伝子にコードされているタンパク質の発現量が変化し、結果として細胞の性質や成長を変化させることになります。

光を感受するタンパク質

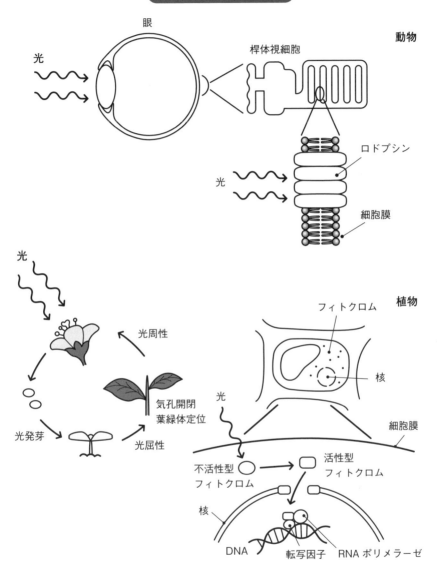

3.3 光から逃げる仕組み（葉緑体光定位運動）

　植物は、太陽の光をたくさん受けるために、背を伸ばして葉を広げるという進化をしてきました。そんな植物でも、強すぎる日差しは苦手なようです。光が強くなると、葉緑体に吸収されるエネルギー量も増えます。しかし、光合成に回せるエネルギー量には限界があって、それ以上のエネルギーは細胞内にあふれ出して、酸素から活性酸素が作られてしまいます。活性酸素は生体物質を傷つける極めて有害な物質です。

　動くことができない植物は、日差しが強くても動物のように日陰に逃れることができません。しかし、動けないなりに強い光から逃れるための様々な手段を講じています。例えば個体としては、葉の角度や開き具合を変えて、受ける日射を調節する仕組みがあります（2.4）。また、細胞の中にも工夫が見られます。細胞内の葉緑体の位置を、光の強弱に応じて調整する仕組みで、「葉緑体光定位運動」と呼ばれています。葉で光を受け止め光合成をする葉肉細胞は管のような細長い形をしていて、葉の表面に対して垂直な柵状に並んでいます（2.3）。光が強いと、葉緑体は管状の細胞の側壁に張り付くように移動し光から逃れます。逆に光が弱いと真ん中に集まり、より多くの光を受けられるような配置をとります（2.4）。

　では、葉緑体はどのようにして光を感じ移動しているのでしょうか？ここにもいくつかのタンパク質が働いていることが明らかになっています。まず、光を感受するのは、光受容タンパク質のフォトトロピンです（3.2）。フォトトロピンは葉緑体外膜あるいは細胞膜に存在すると考えられますが、光を受容すると、フォトトロピンから何らかのシグナルが葉緑体側に送られます。シグナルを受け取った葉緑体は周囲にアクチンフィラメント（4.2）と呼ばれる細胞骨格タンパク質を形成します。アクチンフィラメントは、光が強い場合は葉緑体上の光から遠い所に、光が弱い場合は逆に近い所に集まります。葉緑体はアクチンフィラメントが集まった方向に移動するということがわかってきました。

　ただ、フォトトロピンからどのような情報がどうやって伝達されるのか、またアクチンフィラメントがどのようなメカニズムで葉緑体の動きを引き起こしているのかは、まだ謎です。

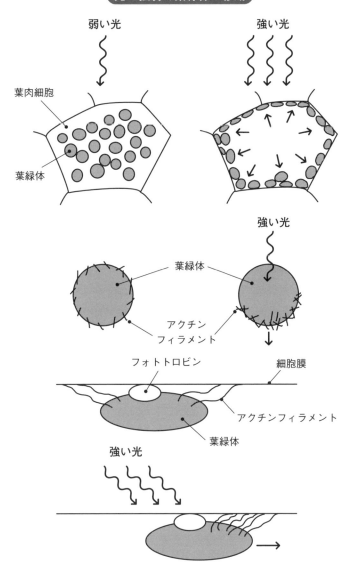

光の強弱で葉緑体が移動

弱い光

強い光

葉肉細胞

葉緑体

強い光

葉緑体

アクチン
フィラメント

フォトトロピン

細胞膜

アクチンフィラメント

葉緑体

強い光

ワンポイント

フォトトロピンからの情報でアクチンフィラメントが形成される

3.4 重力を感じる仕組み（アミロプラスト）

　生物が重力を感じることは、生きていくうえでとても重要です。特に重力の影響を直に受ける陸上では、重力を感じることができないと正しい姿勢が維持できなくなります。私たちヒトは、耳の奥にある内耳という部分で重力を感じています。内耳の中はリンパ液で満たされ、感覚毛を持った有毛細胞の上に、耳石と呼ばれる数μmほどの炭酸カルシウムの結晶が、5〜6層ほど載っていて平衡石の役割を果たしています。体が傾くと平衡石も傾き、その変化が電気的興奮として有毛細胞から神経へと伝えられ、脳で重力方向が認識されます。

　植物も重力を感知することができます。植物の茎は重力に逆らって立ち上がり（負の方向）、逆に根は重力に従って下へと伸びていきます（正の方向）。また、無重力の宇宙船内では成長の方向がでたらめになってしまうことから、植物がきちんと重力を感じて成長していることがわかります。では、耳がない植物はどうやって重力を感じているのでしょうか？動物の場合と同じで、植物も平衡石のような仕組みを用いています。植物の場合は細胞の中のアミロプラストと呼ばれる細胞小器官の一種が平衡石の役割を果たしています。アミロプラストは葉緑体と同じ色素体の一種で、デンプンをたくさん蓄えているため、比重が重くて重力に対して沈降します。根の場合は先端（根冠）近くにある平衡細胞に、茎では茎の内側をぐるりと囲む内皮細胞にアミロプラストが存在します。

　植物細胞の成長は、主にオーキシンと呼ばれるホルモンの濃度によってコントロールされています（2.7）。オーキシンは茎先端付近の細胞で合成され、極性輸送と呼ばれる方向性を持った輸送によって運ばれていきます。その極性輸送には、PINと呼ばれるオーキシン汲み出し輸送体タンパク質が関わっています（3.7）。PINタンパク質は細胞下側の細胞膜に存在しているため、オーキシンは細胞を一方向にしか通過できません。重力方向が変化するとアミロプラストの沈降方向が変化します。それが引き金となりPINタンパク質の細胞膜での分布が変わり、オーキシン濃度に偏りが生じることが知られています。オーキシンの濃度上昇は、茎では細胞伸長の促進、根では阻害に働きます。これにより、重力方向に対する負と正の屈曲が行われます。

植物にもある平衡石の仕組み

内耳

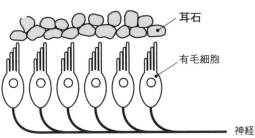

耳石

有毛細胞

神経

内皮細胞

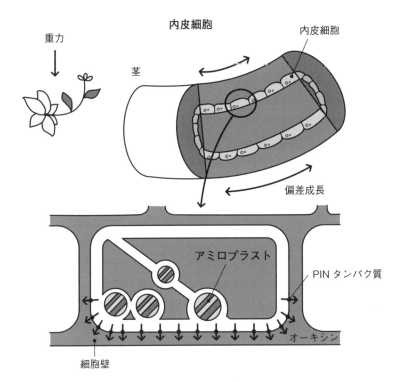

重力

茎

内皮細胞

偏差成長

アミロプラスト

PIN タンパク質

オーキシン

細胞壁

- -

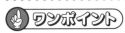 ワンポイント

アミロプラストの変化がオーキシン濃度に影響

- -

3.5 刺激を感じる仕組み（接触応答）

　私たちは、常に物に触れたり触れられたりして刺激を感じています。接触刺激は、障害物を避けたり物をつかんだりするうえでとても大切なので、動物にとって欠かせない感覚の1つです。一方、動かず目も見えない植物にとっても自分の周りの環境を知るうえで接触刺激は極めて重要です。一般的に植物は接触刺激があると、成長が抑制される方向に働きます。植物は、自身の周りに他の植物や風などの物理的な障害が多いと感じた場合、倒れないよう体を小さく太く変えていきます。そのため上に伸びることをできるだけ抑え、茎などを太くして構造的に強くなろうとします。

　ヒトなどの動物は、皮膚に神経細胞の末端が入り込んで、皮膚に受けた圧力を検知し、電気信号に変換して脳に伝えています。例えば、皮膚の感覚を司るメルケル盤と呼ばれる感覚受容器では、受けた機械刺激がメルケル細胞の細胞膜に存在する機械感受性イオンチャネルにより電流に変換されます。その結果、細胞膜に脱分極を引き起こし、電位依存性カルシウムチャネルが開口してカルシウムイオンが流入します。そのシグナルにより神経伝達物質が細胞外に放出されて、神経細胞にシナプス伝達により伝わります。

　植物には情報伝達に特化した神経細胞のような細胞がありません。いったいどのようにして、植物は接触による圧力を感じて伝えているのでしょうか？植物の細胞が圧力を感じるときの仕組みは、動物と似ていると考えられます。そこには、細胞膜上にある機械感受性イオンチャネルという膜タンパク質が関わっています。機械感受性イオンチャネルは、機械刺激によって細胞膜に張力がかかると開き、細胞内にイオンを流入させます。イオンに対する透過性の変化によって膜上に電気信号が生じます。この電気信号によって、細胞膜上に存在する電位依存性カルシウムチャネルが開き、カルシウムイオンが細胞内に流入します。植物は、物理的な機械刺激（隣に植物がいる、動物に触れられた、風が吹いている、隣の細胞が死んでしまった）を細胞の表面で感じて、細胞内カルシウム濃度の上昇として受け取ります。カルシウム濃度の上昇は、その後様々な反応を引き起こします。例えば、遺伝子の転写活性の変化をさせ、細胞の成長や機能を変化させることができます。また細胞膜を脱分極し、活動電位

として伝搬することによって、隣の細胞へと情報を伝えていくことができます
（3.6）。動物のように神経を持たない植物は、普通の表皮細胞が感覚機能を持
ち、情報伝達も行っています。植物は全体が一種の感覚器官のように思えま
す。

機械刺激を感じる仕組み

動物

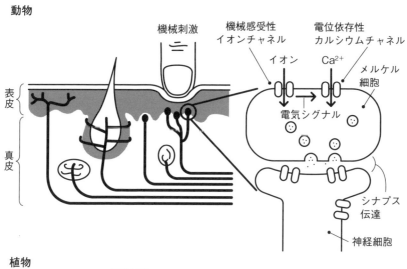

植物

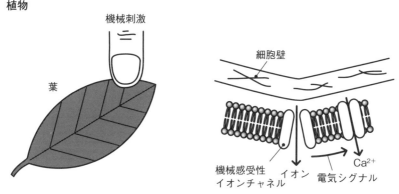

イオンの流入が起こす反応

3.6 感じた刺激を伝える仕組み（植物に神経はあるの？）

　ここまで、植物の細胞がタンパク質を介して刺激を感じて反応する仕組みを紹介しました。では、神経を持たない植物は、細胞で感じた刺激をどうやって他の細胞に伝えていくのでしょうか？

　1つは、動物の神経細胞などで情報を伝達するために使われる、電気信号を用いた方法です。神経細胞では細胞膜を境に、細胞内ではカリウムイオン、細胞外ではナトリウムイオンの濃度が高くなっています。これは、ナトリウム・カリウムポンプと呼ばれる膜タンパク質がエネルギー（ATP）を使って、ナトリウムを細胞外へ、カリウムを細胞内にせっせと輸送しているからです。また、細胞膜にはカリウム漏洩チャネルというカリウムイオンだけを通す膜タンパク質があり、常に開いています。ポンプによって作られたカリウムの濃度勾配に従って、カリウムイオンが細胞外へ少しだけ漏れ出します。正の電荷を持つカリウムイオンが細胞外へ移動するため、細胞膜をはさんで細胞内がマイナス、細胞外がプラスになり、電位差（膜電位）を生じます。この差は-70mVぐらいで釣り合って「静止電位」と呼ばれています。細胞膜に何らかの刺激が加わると、常時閉じていたナトリウムチャネルが開き、ナトリウムイオンが細胞内に流れ込みます。すると、膜電位が逆転し、一時的に内側がプラス、外側がマイナスへと「脱分極」します。そして一気に膜電位が+20mV前後に高まり、活動電位（興奮）が発生します。脱分極が細胞膜上を周囲に広がっていくことで活動電位の伝導が起こります。

　植物細胞も細胞膜に静止電位を持ち、活動電位を発生させることによって刺激を細胞から細胞へ伝えます。細胞外を生理的食塩水ではなく水で囲まれている植物細胞の場合、ナトリウム・カリウムポンプを持たず、プロトンポンプによるプロトン（H^+）の細胞外への汲み出しが、静止電位の形成に関わっています。動物と同じく比較的早い情報伝達方法として、例えば後に登場するオジギソウやハエトリグサで接触刺激に応答するときなどに使われています。また、細胞が死んだという情報なども、電気信号によって迅速に周囲の細胞に伝達されます。

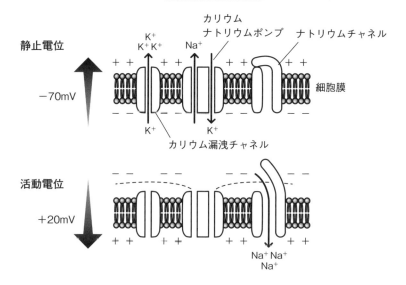

電気信号で伝える

静止電位

−70mV

カリウム
ナトリウムポンプ   ナトリウムチャネル

K^+
K^+ K^+ Na^+

細胞膜

K^+ K^+

カリウム漏洩チャネル

活動電位

+20mV

Na^+ Na^+
Na^+

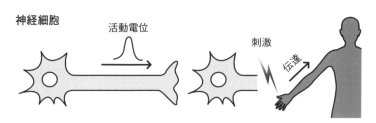

神経細胞

活動電位

刺激

伝達

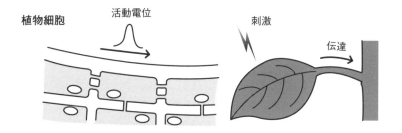

植物細胞

活動電位

刺激

伝達

ワンポイント

Na^+を取り込み電位を上げる

3.7 感じた刺激を伝える仕組み（植物ホルモン）

　もう1つは、ホルモンを用いる方法です。動くことができない植物は周囲の環境変化に応答する仕組みを持ちます。植物の成長は、発芽して体を作る栄養成長と、季節の変化に応じて花を形成し種子を作る生殖成長に分けられます。植物ホルモンは、日長や温度、重力や光といった周りの環境変化に応じて合成され、植物の体のあちこちに運ばれ、栄養成長や生殖成長を調節する物質です。植物ホルモンも動物ホルモンと同じく、極微量で生体を調節する有機化合物であるという意味では同じですが、かなり違う部分があります。例えば、植物には動物のように特定のホルモンを生産・分泌する器官（腺）がありません。植物ホルモンは根や茎の先端といった若い組織で生産される場合が多く、さらに複数のホルモンが同じ組織で合成される場合もあります。また、植物ホルモンは標的とする器官も明確ではなくて、同じホルモンが器官によって全く異なった作用を持つ場合があります。さらにホルモン同士の相互作用によって、働きが異なってくる場合もあり複雑です。現在9種類が植物ホルモンとして認められています。オーキシン、ジベレリン、エチレン、サイトカイニン、アブシジン酸、ブラシノステロイド、ジャスモン酸、ストリゴラクトン、サリチル酸が挙げられます。この他に、短いアミノ酸（ペプチド）からなるフロリゲンやストマジェンもホルモンの一種と考えられる場合があります。

　例えば、昔からよく調べられ植物の成長調節に関わるオーキシンは、茎の先端（茎頂分裂組織）で作られます。そして細胞膜に存在するオーキシンの排出型輸送体PINタンパク質を通って、細胞から細胞へと根の先端に向かって輸送されます（極性移動）。一方、花成誘導に関わるペプチドホルモンのフロリゲンは、葉でフロリゲン遺伝子から翻訳（1.5）されます。その後、篩管を通って茎の先端（茎頂）まで運ばれ、花への分化を促進します（3.15）。また、エチレンは気体のホルモンで、熟した果実から周辺に放出され周りの果実の成熟を促進します。果物を長距離輸送する際には、エチレン吸収剤を使って輸送中に熟してしまうのを防いでいます。植物ホルモンは、機能、輸送、作用においてとても多様性に富んでいます。

植物ホルモンとその役割

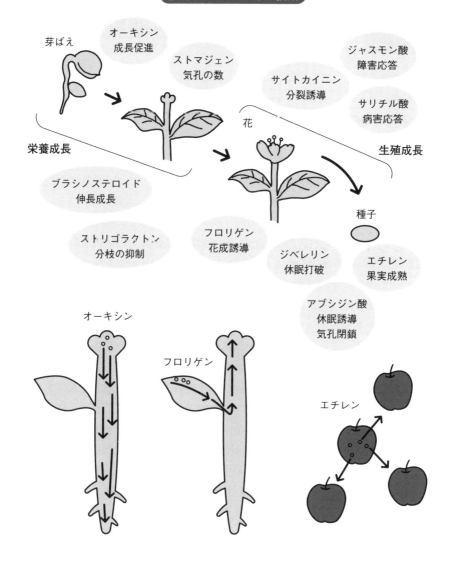

ワンポイント

環境に応じて植物を調節する物質

3.8 植物も運動する（オジギソウ、食虫植物）

　動物である私たちの時間感覚からすると、ほとんど動かないように思える植物ですが、見ていても動いているのがわかる現象があります。例えば、オジギソウの葉にちょっと触れると、途端に閉じてお辞儀をするように垂れ下がります。オジギソウは接触や振動などの刺激を感知すると、その刺激を活動電位（3.6）に変換し、葉枕（ようちん）と呼ばれる組織に伝えます。葉枕はオジギソウの葉のつけ根にある枕のような形をした組織です。上下2種類の細胞（運動細胞）に囲まれていて、上側の運動細胞の細胞壁は、下側に比べて3倍の厚みがあります。細胞は、通常多くのカリウムイオンが含まれ膨圧が高くなっています（2.7）。葉に接触刺激が加わると、活動電位が発生し葉柄まで伝わります（3.6）。この活動電位が葉枕の細胞の電位依存性カリウムチャネルを開く合図になります。葉枕の下側の細胞のカリウムチャネルが開くことで、細胞内のカリウムイオンが一気に外へ出ていきます。すると、細胞内の浸透圧の低下によって水が水チャネル（アクアポリン）を通り抜けて外へ流れ出し、膨圧が低下します。葉枕の下側の細胞だけが風船がしぼむように張りを失って、葉の重さを支えられなくなり、お辞儀をします。

　食虫植物のハエトリグサが、虫の接触を感知し、捕虫葉を閉じる現象も植物が行う素早い動きの1つです（3.19）。この動きもオジギソウのときと同じような仕組みだと考えられています。ただ、ハエトリグサの場合その技が少し高度で、葉の内側に存在する感覚毛に2回接触刺激がなければ、捕虫葉が閉じられません。これは、雨粒やゴミなどの非生物を誤って感知して、無駄に葉を閉じるのを避けるためだとされています。ハエトリグサにとってエネルギーを使って葉を閉じるという行為は、命がけの大変な運動のようです。2回の接触が感知されると、即座にジャスモン酸という植物ホルモンが分泌され濃度が上がります。それによって活動電位が発生し運動細胞まで伝わり、わずか1/10秒で葉を閉じることができます。さらに3回目の接触で消化酵素が作られ始め、5回目で消化酵素の分泌と消化が開始され、昆虫の体から栄養塩が取り込まれるという驚くべき仕組みが知られています。

接触刺激で垂れ下がる

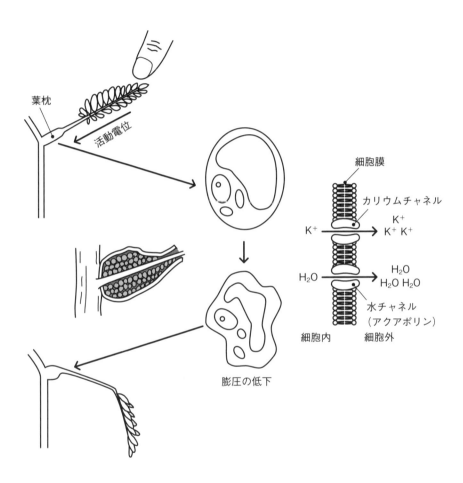

葉枕

活動電位

細胞膜

カリウムチャネル

K⁺

K^+
K^+ K^+

H_2O

H_2O
H_2O H_2O

水チャネル
（アクアポリン）

細胞内　　　　細胞外

膨圧の低下

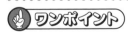 ワンポイント

カリウムイオンに続いて水分が流出

3.9 気孔の開閉の仕組み（息を吸ったり水を吐いたり）

　陸上植物は、乾燥から身を守るために全身をクチクラで覆いました。しかしクチクラは水だけでなく気体も通せないため、光合成に必要な二酸化炭素を大気から取り込むことができません。そこで、植物は葉の表面に気孔という水や気体を通す特殊な孔構造を発達させました。気孔は、葉の裏側にたくさん（$1cm^2$あたり1万〜数万個も）存在します。気孔は、2個の孔辺細胞によって囲まれ、ヒトの唇に似た形をしています。気孔はあたかも唇を開けたり閉じたりするようにして、周囲の状況に合わせ孔の大きさを調整できます。孔は葉内部の細胞と細胞の間の空間である「細胞間隙」につながっています。気孔の開閉には、環境の情報を察知し、それを伝達し、孔辺細胞の形を変える仕組みが必要です。最近、様々なタンパク質が関与した巧妙な気孔開閉のメカニズムが明らかとなってきました

　気孔は晴れの日に開いて、葉から水を放出させることで根から水や養分の吸収を促進します（蒸散）。それと同時に光合成に必要な二酸化炭素を取り込み、光合成により産出される酸素を放出します（ガス交換）。一方、周囲が乾燥しだすと、アブシジン酸（植物ホルモン）が体内で合成され、それに応答して気孔が閉じて水分損失を防ぎます。

　気孔は、孔辺細胞内のカリウムイオン濃度を高め膨圧を上げることで、孔辺細胞が外側に膨らみ開きます。孔辺細胞の細胞膜には、フォトトロピンと呼ばれる青色光受容体膜タンパク質が存在します（3.2）。葉に光が当たるとフォトトロピンが光を受容し、何らかのシグナルが伝わることで、同じ細胞膜上に存在するプロトンポンプが活性化されます。活性化されたプロトンポンプによって、水素イオンが細胞の外へと能動輸送され、膜電位がより大きくなる過分極をおこします。この過分極に応答して、同じ細胞膜にあるカリウムチャネルが開き孔辺細胞内にカリウムイオンが取り込まれます。カリウムイオン濃度の上昇により浸透圧が高まり、水の流入によって孔辺細胞の体積が増加し気孔が開く仕組みだと考えられています。逆にアブシジン酸は、膜電位が逆転する脱分極を引き起こします（3.6）。それによりカリウムイオンを細胞外に排出し浸透圧を低下させて、気孔が閉鎖することがわかっています。

気孔開閉のメカニズム

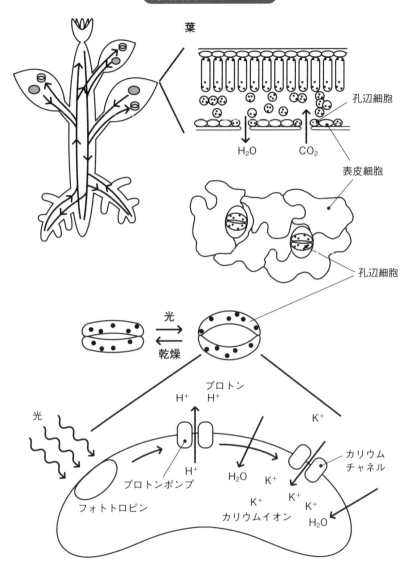

葉

孔辺細胞

H_2O　CO_2

表皮細胞

孔辺細胞

光
乾燥

プロトン
H^+

H^+　　　　　　　　　　K^+

光

プロトンポンプ
H^+

H_2O　K^+

フォトトロピン

カリウム
チャネル

K^+

K^+

K^+
カリウムイオン

K^+

H_2O

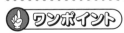 ワンポイント

開閉は光とイオンの流れで行う

3.10 ゴミ箱だけじゃないよ（液胞）

　動物の細胞内はほとんどが細胞質で占められていて、タンパク質などがたくさん詰まっています。ところが、植物細胞の中身はほとんど液胞という細胞小器官で占められます。成長した植物細胞は、細胞体積の90%以上が液胞です。液胞はほとんどが水で占められています。したがって、植物の細胞質は液胞と細胞膜の間や、液胞内を貫通するトンネル状の液胞内ストランドのごくわずかな領域にしか存在しません。新鮮な野菜を食べたときに瑞々しく感じられるのは、液胞が水をたくさん含むからです。では、なぜ植物は液胞のような器官を発達させたのでしょうか？植物は、光合成から得られるエネルギーで生きていますが、動物以上に細胞を大きく成長させることが必要です。大きい細胞をすべて細胞質で満たすには、たくさんのタンパク質を合成しなければならず、非常に多くのエネルギーが必要となります。そこで、液胞中に水をいっぱいためこんで水太りさせることで、自身の体の体積や表面積を大きくしているのです。これは液胞の空間充填機能と呼ばれています。

　最近、液胞は細胞の体積を稼ぐだけではなく、様々な機能を備えていることがわかってきました。主なものとして、ゴミ処理場や貯蔵庫あるいはリサイクルセンターとしての機能が挙げられます。液胞内にはタンパク質分解酵素など様々な加水分解酵素が存在します。植物は液胞に、老廃物や有害物質などを運び込んで、分解したり閉じ込めたりしています。分解産物は、細胞内に戻されて、新たな物質合成の原料として使われます。植物が持つ独特の苦みも、その多くが動物に食べられるのを防ぐために液胞内に貯められた物質によります。また、花の色も、液胞内に貯められたアントシアニンという色素によります。植物にとっては、昆虫を引き付けて花粉を遠くまで運んでもらうためのとても大事な役割をしています。

　また、道管は、細胞が自己分解して最終的に死んだ細胞がつながった管状の構造です（2.12）。道管が作られるときには液胞が自己崩壊し、中身を細胞中にばらまくプログラムされた細胞死（アポトーシス）が中心的役割を担うことが知られています。

液胞とその機能

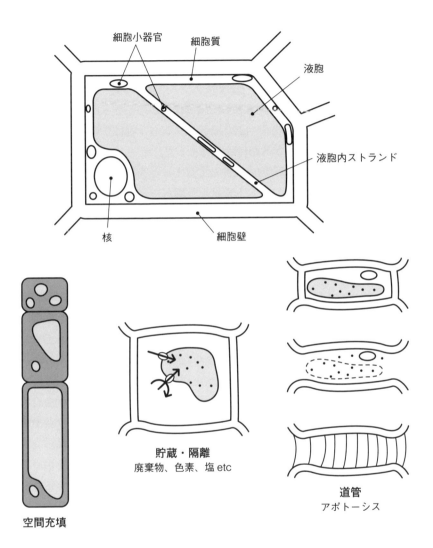

細胞小器官
細胞質
液胞
液胞内ストランド
核
細胞壁

貯蔵・隔離
廃棄物、色素、塩 etc

道管
アポトーシス

空間充填

 ワンポイント

細胞体積の 90％以上を占める

3.11 植物の自食（オートファジー）

　真核生物の細胞内ではオートファジーと呼ばれる現象が起きています。オートファジーは「オート（自己）」と、「ファジー（食べる）」が合わさった言葉で、自食作用という意味です。もともと栄養状態が悪くなったときに、細胞内の過剰なタンパク質を分解して生存に必要なタンパク質にリサイクルするという働きから、「自食」という名が付けられました。オートファジーは、飢餓時の栄養補給だけでなく、細胞内の変性してしまったタンパク質や古くなった細胞小器官、さらには細胞内に侵入した病原性細菌などを分解することで、細胞を常に健康な状態に保つ重要な機能です。例えば、成人男性は1日に約200gのタンパク質を合成していますが、食べ物から摂取するタンパク質の量はせいぜい60〜80gぐらいです。不足分は、オートファジーが要らなくなったタンパク質や細胞小器官を分解し、リサイクルすることで補っていると考えられています。

　オートファジーは、細胞の中に扁平な二重の膜が現れることから始まります。これが、古くなった細胞内小器官やタンパク質あるいは病原菌などを包み込んでいきます。完全に包み込んで直径約$1\mu m$程度の丸い袋状になったものは「オートファゴソーム」と呼ばれます。次に、オートファゴソームにリソソームという細胞小器官（たくさんの種類の分解酵素が含まれる）が融合します。この状態は「オートリソソーム」と呼ばれ、分解酵素がタンパク質や細胞内小器官をアミノ酸などに分解します。分解されてできたアミノ酸は細胞質に戻り、新しいタンパク質の合成に使われます。大隅良典博士は酵母を用いて、オートファジーに関わる主要な遺伝子すなわちタンパク質の大半を発見し、Atgタンパク質と名づけました。その成果が、ノーベル賞として評価されました。

　植物も真核生物ですので、Atgタンパク質が存在し細胞内でオートファジーが行われています。植物の場合、オートファゴソームは液胞と融合し中身が分解されます。植物のオートファジーは飢餓だけでなく、様々な環境ストレス（乾燥、高温、塩、酸化）や病原菌の感染時に働いていることが明らかになりつつあります。

自食作用

動物細胞

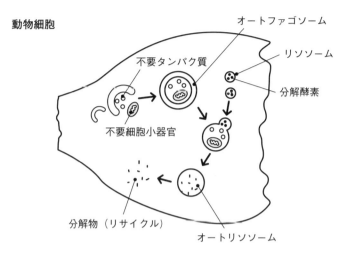

オートファゴソーム

リソソーム

不要タンパク質

分解酵素

不要細胞小器官

分解物（リサイクル）

オートリソソーム

植物細胞

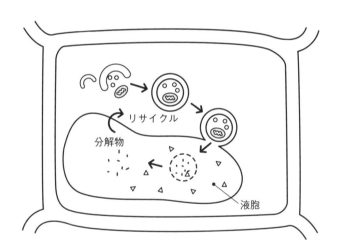

リサイクル

分解物

液胞

 ワンポイント

飢餓、環境ストレス、病原菌の感染時に働く

3.12 植物同士の情報伝達（植物の会話）

　動くことのできる動物は、身振りや表情や行動などで他の個体とコミュニケーションすることができます。私たちヒトは、言葉や文字を使ってさらに細かいコミュニケーションが可能です。では、動くことも声を出すこともない植物は、周りの仲間たちと意思の疎通はできないのでしょうか？実は植物も動物とは違ったやり方でコミュニケーションしていることが明らかになってきました。例えば、香りを使ったコミュニケーションがあります。植物は様々な「香り成分」を発していますが、虫に食べられたとき、特別な香り成分を出します。この特別な香り成分を、隣にいる植物が感じて（受容して）様々な防衛を開始することが明らかになってきました。虫が隣の植物を食べた場合、次に自分のところにやってくる可能性が高くなります。食べられた仲間の植物が香りで隣の植物に知らせ、虫の攻撃に対してあらかじめ防衛体制を準備できれば、種としての大きなダメージを防ぐことが可能になります。

　どうやって香り成分を受け取り、どうやって防御するのでしょうか？最近トマトを使った研究から、とても面白い仕組みがわかってきました。まず、トマトとトマト害虫のハスモンヨトウの幼虫を使って、食害を受けたトマトから出る香り成分が、未被害のトマトにどのような影響をもたらすのかを調べました。未被害のトマトは、香り成分を受け取った後、配糖体の一種、(Z)-3-ヘキセニルビシアノシドを蓄積することが明らかとなりました。この配糖体はハスモンヨトウの幼虫の成育や生存率を抑えることから、防御用配糖体として機能していることがわかりました。さらにこの配糖体の構造の一部が、実は食害を受けたトマトから出る香り成分の1つ（(Z)-3-ヘキセノール）と一致することがわかりました。すなわち、被害トマトから出た香り成分を未被害トマトが取り込み、防御用配糖体へと直接変換していることがわかってきました。害虫の接近を直接的に防いだり避けたりすることができない植物は、現在被害を受けている植物から放出される香り成分を受け取り、来るべき虫に対する防衛物質へと変換・蓄積し、その攻撃に備えるという巧妙な防御の仕組みが考えられました。植物は動物とは全く異なった仕組みで、仲間同士コミュニケーションをとって、外敵から身を守っているのです。

香りで伝える仕組み

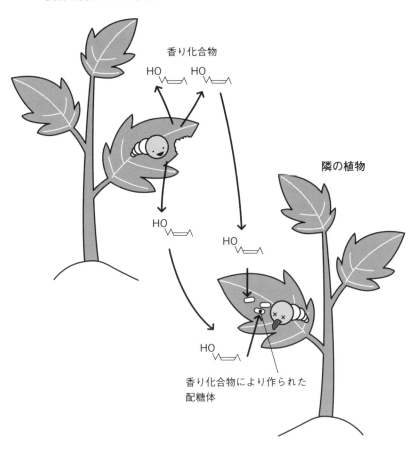

食害を受けている植物

香り化合物

隣の植物

香り化合物により作られた
配糖体

 **ワンポイント**

香りを防衛物質に変換、蓄積して備える

3.13 植物世代間の情報伝達 （植物に記憶はあるか？）

　脳のような記憶器官がない植物は、情報を記憶したり次の世代に伝えたりすることはできるのでしょうか？最近、植物は、エピジェネティクスという手段を使って次世代に記憶を伝えていることがわかってきました。エピジェネティクスとは、「エピ（後で、上に）」と「ジェネティクス（遺伝学）」が合わさった言葉です。普通、タンパク質の配列をコードしているDNAの塩基配列は、正確に次の細胞や次世代にコピーされていきます。一方でDNA自体の配列を変えることなく、遺伝子からタンパク質の発現を調節しそれを伝えていく仕組みがあります。それをエピジェネティクスと呼んでいます。イメージとしてよく例えられるのが、ゲノムをA、C、G、Tの4種類の音符が並んだ譜面だとすると、音に強弱をつけたり演奏する部分を変えたりして曲を奏でる仕組みが、エピジェネティクスです。ヒトの細胞の核にはすべて同じゲノムが入っているのに、皮膚や神経といった様々な種類の細胞になれています。これは、同じ楽譜の中から違う譜面を奏でるエピジェネティクスという仕組みのおかげです。

　例えば、アメリカで三毛猫のクローン猫が作られたとき、クローン猫とゲノムを提供した猫とで毛色と模様が異なっていました。もし、ゲノムの配列どおりに生命が従うのなら、同じゲノムを持つクローン猫は全く同じ模様となるはずです。三毛猫の毛の模様は、ゲノムの遺伝情報ではなくエピジェネティクスによって調節されているのです。植物ではアサガオの花の絞り模様がピジェネティクスによって調節されていることが知られています。

　この仕組みの正体は、細胞核の中にあるゲノムDNAや、DNAが巻き付いているヒストン（1.2）と呼ばれるタンパク質の化学修飾（メチル化やアセチル化）にあります。これらの化学修飾によりクロマチン構造が凝集したり緩んだりして、遺伝子発現の強弱や部位をコントロールすることができます。さらにこの化学修飾は、細胞が分裂しても次の新しい細胞へ受け継ぐことができるため、世代を超えて伝えることが可能です。

　自然界で植物は頻繁に様々なストレスや危機（高低温、乾燥、病原菌など）に曝されています。植物が1度経験したストレスや危機をエピジェネティックに"記憶"し、2度目にはより強く効率的に抵抗する例が知られています。

遺伝子の働きを調節する

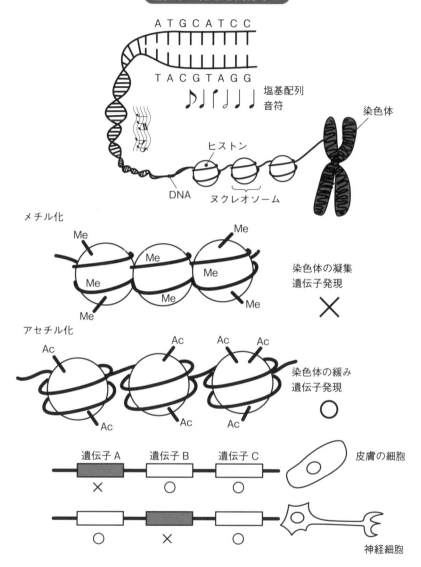

DNA の配列は変えずに伝える

91

3.14 昼夜を感じる仕組み（概日リズム）

　動物や植物だけでなく菌類などほとんどすべての生物は、概日リズム（circadian rhythm）と呼ばれる、約24時間周期で変動する生理現象を持ちます。一般的に体内時計と知られていて、外界からの刺激がない状態でも約24時間周期のパターンで動き続けます。概日リズムに支配される生理現象は生物によって様々です。例えば、哺乳動物では体温、睡眠、ホルモンの分泌、摂食などがあります。時差ぼけは、体内の概日リズムが外界の昼夜の周期とずれてしまい起こります。概日リズムは強い光で昼夜の変化に同調させることができるので、朝の日差しを浴びれば時差ぼけをある程度緩和することができます。また、植物では葉の就眠運動、気孔開閉、光合成などが知られています。

　概日リズムには、時計遺伝子と呼ばれる遺伝子群と、それらがコードしている転写因子タンパク質（ゲノムDNAに結合して遺伝子の発現をコントロールするタンパク質）の相互作用によって発生しています。時計遺伝子のタンパク質はお互いの遺伝子の働きを抑える転写因子としての機能を持ちます。それらがお互いに負の制御ネットワークを形成し、全体として振動するループ構造を構成していると考えられています。

　例えば、モデル植物シロイヌナズナの概日時計には3つの時計遺伝子が関わっています。朝方位相遺伝子（CCA1/LHY）、昼位相遺伝子（PRR9/7/5/TOC1）、夕方位相遺伝子（ELF4-ELF3-LUX）です。CCA1/LHYは夜明け前に、PRR9/7/5/TOC1は朝から夕方にかけて、ELF4/ELF3/LUXは夕方から夜にかけてタンパク質に合成されます。それぞれのタンパク質は転写因子として機能し、自分よりも前に発現している遺伝子の発現をオフにします。オフにされたタンパク質は、自分の発現よりも後の遺伝子発現をオフにしていたので、それが解除されます。こういった負の制御が繰り返されることにより、CCA1/LHY→PRR9/7/5/TOC1→ELF4-ELF3-LUXの順序で、1日の時間経過とともに時計遺伝子がループ状に振動すると考えられます。概日リズムは、季節という1年周期の日長や温度サイクルに対する応答をも支配しているため、植物にとってとても重要な機能です。

体内時計

朝

朝方位相遺伝子

オフ ✕

昼

PRR9

PRR7　オフ ✕

PRR5

CCAI

TOC1

LHY

昼位相遺伝子

夜

オフ ✕

LUX

ELF4　ELF3

夕

夕方位相遺伝子

 ワンポイント

時計遺伝子のタンパク質はそれぞれの働きを抑制

3.15 季節を感じる仕組み （時期応答、フロリゲン）

　植物は毎年同じ時期に花を咲かせます。つまり、季節を感じる仕組みを持っているということです。その不思議な仕組みが、近年明らかになってきました。植物は周辺の光と温度を感じて花を作り始めるのですが、そこには概日リズム（3.14）と、花成ホルモンと呼ばれるタンパク質が関わっています。

　昔から、植物は葉で環境の変化を感じて、茎の先端に何らかの信号を送って花を咲かせるということがわかっていました。その信号は花を付けるホルモン「花成ホルモン」だということで「フロリゲン」と呼ばれていましが、その正体は謎でした。最近、フロリゲンの正体は、FT遺伝子がコードする「FTタンパク質」だということが発見されました。

　モデル植物シロイヌナズナで明らかになってきた仕組みを説明します。まず葉では、「COタンパク質」が概日リズムに合わせ夜明けから12時間作られ、即座に分解されています。日が長くなると、光を感受するタンパク質「フィトクロム」や「クリプトクロム」が働き、「COタンパク質」の分解が抑えられます。この「COタンパク質」の正体は転写因子で、「FT遺伝子」をオンにします。次第に「COタンパク質」が溜まると、「FTタンパク質（フロリゲン）」が葉で盛んに合成されるようになります。溜まった「FTタンパク質（フロリゲン）」は葉から維管束にある篩管（2.13）を通って、茎の先端（茎頂分裂組織）まで送られます。ここで「FTタンパク質」は転写因子である「FDタンパク質」と結合し、花を作る遺伝子である「API遺伝子」をオンにします。

　また、「FTタンパク質（フロリゲン）」の生産は、寒い冬を経験しないと始まらないことがわかっています。「FT遺伝子」は「FLCタンパク質」という転写因子によってオフにされています。寒い時期が続くと、「FLC遺伝子」の周辺のヒストンがメチル化されて、「FLCタンパク質」の生産が抑えられます。寒いという経験がエピゲノミックに記憶され（3.13）、春に「FTタンパク質（フロリゲン）」を生産する準備が整うわけです。こういったとても複雑な仕組みが、春に花を咲かせていることがわかってきました。

花を咲かせる仕組み

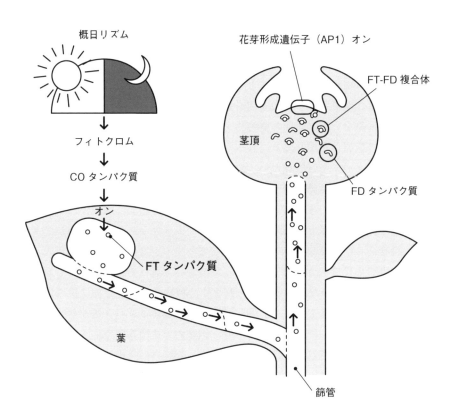

概日リズム

フィトクロム

CO タンパク質

オン

FT タンパク質

葉

花芽形成遺伝子（AP1）オン

FT-FD 複合体

茎頂

FD タンパク質

篩管

 **ワンポイント**

フロリゲンの正体は FT タンパク質

3.16 病気を治す仕組み（病原菌応答）

　動物と同じように植物も病気にかかります。私たち動物は「免疫システム」を持ち、感染した病原菌やウイルスに対抗しています。動物の免疫応答には「獲得免疫」と「自然免疫」があります。獲得免疫は抗原抗体反応に基づく免疫反応です。樹状細胞が、病原体の情報をヘルパーT細胞に伝えます。ヘルパーT細胞はB細胞に抗体を作るように指令を出します。この反応には病原菌の感染から抗体ができるまで数週間必要です。一方、自然免疫は病原体に共通した分子や構造を、細胞表面の受容体タンパク質で認識します。そして、抗菌分子を出して病原体を壊したり、食べたりという迅速に誘導される免疫応答です。マクロファージや好中球といった免疫細胞がその役割を担っています。

　ところが、植物には動物のように抗体を作るシステムや免疫細胞という特別な細胞は見つかっていません。しかし植物は独自の方法で、病原体と戦っています。病原体の認識は、動物の自然免疫と似たようなシステムで行われます。植物の場合あらゆる細胞が認識能力を持っています。自然免疫というシステムは動物をはじめ昆虫やカビにも存在することから、真核生物のもっとも原始的な免疫システムの1つだろうと考えられます。植物の場合、植物に病原性を持つカビの細胞壁や細菌の鞭毛を、細胞膜にある受容体タンパク質が共通パターンとして認識します。それが合図となり、細胞内で抗菌物質や加水分解酵素が生産されます。生産された抗菌物質や酵素を、細胞外に排出したり、液胞の中に溜め込んだりすることで、それ以上の病原菌の進入を食い止めます。この他にも、感染された細胞を自爆させて、病原体を他の細胞に広がらないようにする「過敏細胞死」と呼ばれる抵抗反応も知られています。病原菌が感染した植物の葉には茶色い斑点が見られますが、これは、植物が病原菌と戦っている最前線でもあるわけです。またウイルスに関してはその他に、RNAサイレンシングという配列特異的な免疫システムが動きます。一度ウイルスが侵入するとそのRNAを認識して、次に同じRNAが入ってくると特異的に分解するというシステムです（コラム、P126）。

動物の免疫

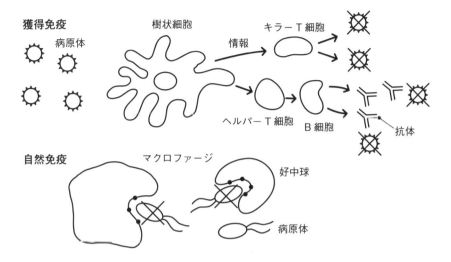

植物の免疫

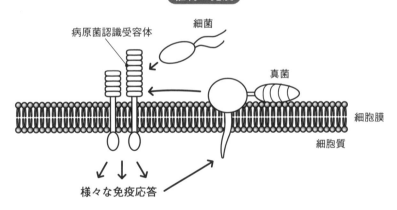

. . . .

 ワンポイント

葉の茶色の斑点は戦う最前線

. . . .

3.17 正しく分裂する仕組み（葉緑体）

　葉緑体は今から10〜20億年前に、光合成を行う原核生物（シアノバクテリア）が、真核細胞の先祖に取り込まれてできたと考えられています（1.12）。そのため、葉緑体は植物細胞の一部となった今でも、自身が分裂することによって増えています。また、葉緑体は自身のDNAを持ち、光合成に必要なタンパク質の一部を自前で作り出していることも明らかになっています。

　では、どのようにして葉緑体は分裂するのでしょうか？さらに、葉緑体が細胞1個につき適切な数を保つには、ホスト（宿主）である植物細胞の分裂を感知して葉緑体の分裂を調節する仕組みも必要です。

　葉緑体の分裂は、中央が徐々にくびれて2つにちぎれることで起こります。このくびれ部分には、数種類のタンパク質からなるリング状構造が存在し、分裂装置と呼ばれています。葉緑体は、分裂装置の直径がだんだん狭まることによって分裂が進行します。分裂装置を構成するタンパク質には、葉緑体の祖先となったシアノバクテリアがもともと分裂に使っていた先天的なものと、取り込んだ植物細胞が分裂をコントロールするために、新たに付け加えた後天的なものがあることがわかっています。このうち、後天的に付け加えられたPDVと呼ばれるタンパク質の発現は、植物ホルモンの一種サイトカイニンに制御されています（3.7）。ホスト（宿主）の植物が分泌するサイトカイニンによって細胞質でのPDV量が決められ、その結果、葉緑体の分裂の速度がコントロールされているということがわかってきました。

　逆にパラサイト（居候）的な立場であるはずの葉緑体が、ホスト（宿主）の細胞のDNA複製をコントロールしているという興味深い報告もあります。ミトコンドリアと葉緑体を1つずつ持つ、原始的な真核生物「シゾン」が分裂する際には、「葉緑体（パラサイト）のDNA複製」→「サイクリン依存キナーゼ（CDK）タンパク質の活性化」→「植物細胞（ホスト）核内のDNAの複製」が段階的に起こることが知られています。このCDKタンパク質の活性化が、葉緑体に由来する物質（テトラピロール合成中間体）によってコントロールされていました。あたかも居候が宿主を支配しているような現象であることから、この物質のことを「パラサイト・シグナル」と呼ぶこともあります。

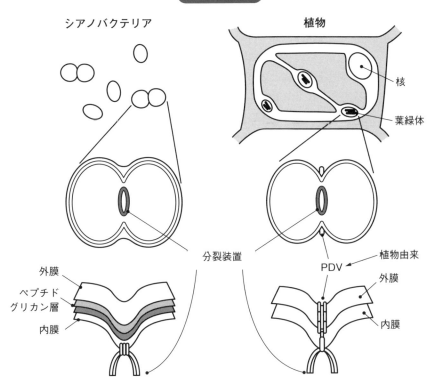

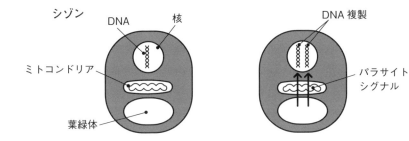

3.18 半藻半獣の生き物（ハテナ）

　半分が植物、半分が動物といっても良いようなハテナと名づけられた奇妙な単細胞生物が2005年に和歌山県の海岸で発見されました。ハテナの体長は約30μmで、2本の鞭毛を持っています。全体は透明ですが部分的に緑色で葉緑体があります。サンゴ虫などと同様に、普段は体内に共生させた藻類が光合成で作り出した炭水化物をもらって生きていると考えられます（3.20）。ただ、細胞分裂をする際にとても不思議な（ハテナな）ことをします。分裂した2つの娘細胞のうち1つは藻類を受け継いで、緑色の光合成で生きる植物のような細胞になります。しかし、もう1つの娘細胞は共生していた藻類を受け継げず、無色の鞭毛虫に戻ってしまいます。無色の鞭毛虫は「捕食装置」を形成し、新たに藻類を食べることによって取り込み、光合成を行う細胞に戻ります。このとき取り込まれる藻類は、特定の藻類でないとダメなようです。すなわちハテナは最初、半分は植物、半分は動物として誕生します。これは、進化の課程において植物が誕生する1つの段階を示しているのではないかと考えられています。

　植物細胞が分裂するときには、ホスト（宿主）の植物細胞とパラサイト（居候）の葉緑体の細胞分裂が同調する必要があります。ハテナは、ホストの細胞が分裂するのですが、葉緑体の分裂が追いついていない状態だといえます。すなわちホストとパラサイトの同調がうまく行っていない、進化の途中段階にあるのではないかとも考えられます。ハテナは分裂のたびに、1つは光合成の能力を有する植物細胞を再生産すると同時に、もう1つは捕食を必要とする動物細胞に戻っているということです。すなわち、植物的な生き方と、動物的な生き方を行ったり来たりしている、半藻半獣ともいうべき生活環を持ったとても変わった生物です。この半藻半獣の状態から一歩進み、宿主と共生体の分裂が同調できるシステムが備われば、ずっと植物という生き方が成立すると考えられます。現在、動物細胞に、マイクロインジェクションなどで藻類や葉緑体を人工的に導入し、動物と植物のハイブリッドな細胞を作り出そうという試みもなされています。ハテナの研究が進み、分裂の同調の仕組みが明らかになれば、分裂しても光合成能力を常に持つ動物細胞を作り出すことが可能になるかもしれません。

ハテナの生活環

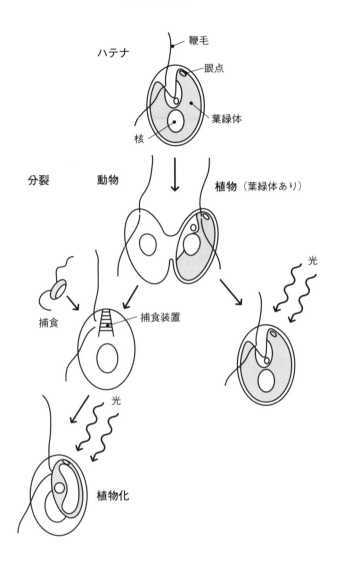

 ワンポイント

植物→動物→植物

3.19 植物も食べる（食虫植物）

　陸上植物は、葉で光合成によりエネルギーを生産し、根から無機塩類などの栄養分を吸収して生きている独立栄養生物です。ですが、必ずしも育っている場所に栄養が豊富だとは限りません。植物の中には栄養が少ない土地で生きるために、動物のように「食べる」機能を進化させたものたちが存在します。ご存知の食虫植物と呼ばれる植物で、現在約700種ほどが見つかっています。

　食虫植物はすべて被子植物に属していますが、特別な単一系統から進化したものではなく、5つの異なった目で別々に出現したことがわかってきました。このように別々の系統で似た形質が進化することを収斂進化と呼びます（例えば鳥とコウモリの飛翔能力など）

　食虫植物が虫を捕らえて食べる行動は、①誘引、②捕獲、③消化、④吸収の段階に区別できます。

1. 誘引：食虫植物が虫をおびき寄せます。手段としては、匂い、色、蜜などがあります。花から流用された可能性が考えられますが、まだ詳細は不明です。

2. 捕獲：昆虫を捕らえる仕組みは多種多様です。「粘り着け式」、「落とし穴式」、「挟み込み式」、「吸い込み式」、「誘い込み式」などがあります。粘り着け式食虫植物の分泌液には、ネバネバした多糖やトリテルペンが多量に含まれます。虫を捕らえる部分は捕虫葉と呼ばれ、葉が形を変えたものだと考えられます。ハエトリグサでは捕虫葉が閉じて虫を捕らえます。(3.6、3.8)

3. 消化：捕らえられた虫は、捕虫葉の腺細胞から分泌される消化液で消化されます。動物の消化液のように、食虫植物の分泌液にも消化酵素（タンパク質）が含まれています。消化酵素のいくつかは病害菌に抵抗する際の酵素タンパク質が起源となっていることがわかっています (3.16)。

4. 吸収：消化液によって分解された獲物は、腺細胞から取り込まれます。小さい分子は細胞膜にあるアンモニアトランスポーターなどの輸送体タンパク質を介して吸収されます。また、大きな分子はエンドサイトーシスと呼ばれる細胞膜が陥入し、物を飲み込むような仕組みで取り込まれ、液胞で消化されます (3.10)。

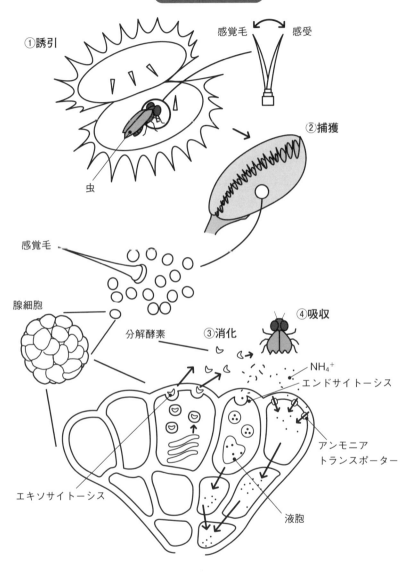

食虫植物の仕組み

①誘引

感覚毛　感受

虫

②捕獲

感覚毛

腺細胞

分解酵素　③消化

④吸収

NH_4^+

エンドサイトーシス

アンモニア
トランスポーター

エキソサイトーシス

液胞

ワンポイント

5つの異なった目で別々に進化

3.20 光合成をやってみたくなった動物

　光合成は、植物や藻類あるいは光合成微生物だけが持つ特別な生命機能です。しかし、中には光合成を行う動物が存在します。例えば、サンゴやイソギンチャクの多くが、単細胞性の藻類を自らの細胞内に共生させています。サンゴやイソギンチャクは藻類に快適な住まいを提供する代わりに、光合成をさせて炭水化物を得ていることが知られています。最近、世界各地でサンゴの白化現象が問題になっていますが、それは、海水が高温になり共生していた藻類がサンゴから逃げ出してしまう現象です。白化が続くと、サンゴは藻類が光合成で作り出す炭水化物を受け取れなくなり、やがて死んでしまいます。一方、ウミウシの仲間には、摂食によって海藻から葉緑体だけを取り込んで体内で数週間から数カ月にわたって生かし、光合成を行っているものがいます。体長、数cm程度のエリシア・クロロティカと呼ばれるウミウシは、取り込んだ葉緑体によって鮮やかなグリーンの皮膚を持ち、光合成から得られる炭水化物だけで、なんと9カ月以上生きることができます。

　これは、「盗葉緑体（クレプトクロロプラスト）」と呼ばれるとても面白い現象で、藻類そのものを共生させるサンゴとはまた違った現象です。繊毛虫や有孔虫などの原生生物のいくつかで確認されていますが、多細胞動物ではウミウシの仲間のみで見つかっています。前にも書きましたが、葉緑体は独自の遺伝子を持ちます（1.12）。しかし、葉緑体が機能するためには3,000以上の遺伝子が必要で、そのほとんどはホスト（植物細胞）のゲノムに移されています。ですので、葉緑体だけを細胞から分離すると、単独では機能できません。光合成ウミウシは葉緑体をどのように自らの体内で機能させているのでしょうか？それは謎です。例えば、葉緑体と一緒に藻類の核も取り込んでいるという可能性が考えられます。あるいは、ウミウシが藻類の遺伝子を自身の核に取り込んで、葉緑体に光合成タンパク質を供給している可能性も考えられます。

　今後、光合成ウミウシの研究が進めば、葉緑体を持ちほとんど食事をしなくて済む動物が人工的に作れるようになるかもしれません。ただ、光合成のエネルギーだけで生きていくには、ウミウシのようにほとんど動かずに一日中、日光浴しなければならないかもしれません。

光合成を行う動物

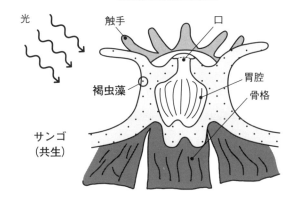

光

触手　　　口

褐虫藻

胃腔

骨格

サンゴ
（共生）

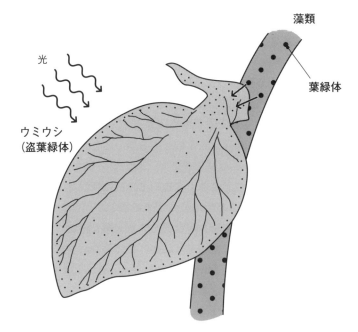

光

ウミウシ
（盗葉緑体）

藻類

葉緑体

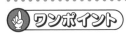

ほとんど動かず日光浴

遺伝子工学技術

　細胞を時計だとすると、タンパク質はゼンマイや歯車といった部品だという例えをしました（1.3）。生命（＝細胞）の仕組みを知るためには、時計の中で働くゼンマイや歯車の形や機能を知ることが不可欠です。1970年頃までは、タンパク質の機能を調べるためには、生体や細胞をすりつぶして目的のタンパク質だけをとってくる「精製」という作業を行わなければいけませんでした。タンパク質は何万種類もありますが、ものによっては細胞内での量が非常に少なかったり、分解されやすかったりして、調べられるタンパク質の種類はごく限られていました。特に植物細胞は細胞体積の90％以上が液胞で、タンパク質が存在する細胞質は10％程度しかありません。

　1970年代から、タンパク質の設計図である遺伝子（DNA）を人工的に改変できる遺伝子工学技術が登場しました。この技術は、DNAを特定の位置で切断する制限酵素やDNA断片をつなぎ合わせるDNAリガーゼの発見、遺伝子を細胞に導入する形質転換や遺伝子を増幅できるPCR技術の開発によって確立されてきました。例えば、遺伝子工学の技術を用いると、生体内の特定のタンパク質の遺伝子を破壊することができます（遺伝子ノックアウト）。破壊されたタンパク質は細胞内で合成されなくなるので、細胞や個体の変化を見ることでそのタンパク質の生体機能を類推・特定することが可能となりました。また、遺伝子を書き換えることでタンパク質のアミノ酸を任意に変えたり削除したりすることが可能になりました。それによって、タンパク質のどの部分が機能にとって重要なのかがわかるようになりました。さらに、GFPのような光るタンパク質の遺伝子とつなぎ合わせることによって、タンパク質の位置や動きを生きた細胞や生体内で可視化することができるようになりました。さらには、大腸菌などの微生物に動物や植物のタンパク質を大量に作らせることが可能になりました。逆に動物や植物に異種の生物の遺伝子を導入し、新たな機能を持たせることもできるようにもなりました。遺伝子工学技術は医療、創薬、農業、環境など幅広い分野での応用が進んでいます。

第 4 章
原形質流動

4.1 似ているようで違う、動物の細胞内輸送、植物の細胞内輸送

　原核生物から真核生物への進化により、細胞は大型化と内部の複雑化を遂げました。それによって細胞の体積は1,000倍以上になり、様々な細胞小器官を持ち細胞内での分業体制が進みました（1.10）。それまで、小さくて単純な原核細胞内の物質の輸送や循環は、方向性を持たない熱拡散で十分に賄えていました。しかし、大型化・複雑化した真核細胞内では、特定の物質を選別して、特定の場所に正確に送り届ける長距離輸送のシステムが必要になりました。真核生物は、細胞内の物流システムを整備するために2種類のタンパク質を発達させました。1つが細胞骨格と呼ばれるアクチンフィラメントや微小管といった繊維状のタンパク質で、道路やレールの役割をします。もう1つが、モータータンパク質と呼ばれるトラックや宅配車のような役割をするタンパク質です。モータータンパク質はATPを加水分解するエネルギーを用いて、細胞骨格（道路）の上を決められた方向に運動することができます。アクチンフィラメントの上を運動するミオシンと、微小管の上を運動するキネシン、ダイニンが知られます。モータータンパク質はお尻に細胞小器官や小胞などをくっつけて運ぶことができます。小胞の内部や膜には、特定のタンパク質やシグナル分子などの荷物が積み込まれています。モータータンパク質は細胞骨格タンパク質の上を移動することで、荷物の中身を細胞内の特定の場所に運んでいくことができます。

　細胞内輸送で古くからよく研究されているのが、神経細胞の軸索における神経伝達物質の輸送です。神経伝達物質であるグルタミン酸は小胞に包まれた状態で、モータータンパク質キネシンによって軸索内の細胞骨格微小管に沿って軸索末端に運ばれます。末端に送られ蓄積された小胞は、神経の興奮により末端の細胞膜と融合して、神経伝達物質を一斉に細胞外に放出します（1.13、14）。これによって、興奮は次の神経細胞へと伝播されていきます。動物細胞では、微小管を道路とした輸送系が主体となっていますが。植物では、アクチンフィラメントをメインとした輸送系が主体になっていて、原形質流動と呼ばれる細胞質のダイナミックな運動を引き起こしています。

細胞内輸送

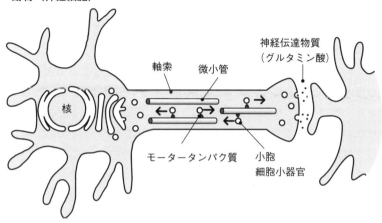

動物（神経細胞）

軸索　微小管

神経伝達物質
（グルタミン酸）

核

モータータンパク質

小胞
細胞小器官

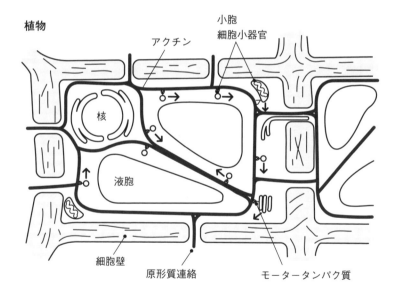

植物

アクチン

小胞
細胞小器官

核

液胞

細胞壁

原形質連絡

モータータンパク質

ワンポイント

細胞骨格（道路）とモータータンパク質（車）

4.2 細胞内の道路（細胞骨格）

　動物は輸送の道路として微小管を、一方で植物はアクチンフィラメントを主に使っています。両方とも繊維状のタンパク質ですが、よく見るとその形や特性がかなり違います。実は両者とも、球状の小さい単量体タンパク質がつなぎ合わさること（重合）で繊維を形成しています。微小管はチューブリンと呼ばれる球状のタンパク質が、アクチンフィラメントはアクチンと呼ばれる球状のタンパク質が重合したものです。どちらの繊維にも向きがあって、重合が速い方をプラス端、遅い方をマイナス端と呼んでいます。

　アクチンは単量体アクチンがサブユニットとなり、らせん状に重合した直径5～9nmほどの細い繊維です。輸送の軌道のほかに、筋肉で収縮を起こしたり、細胞の形を維持したり、動物の細胞質分裂（収縮環）をしたりしています。

　微小管は、αチューブリンとβチューブリンというよく似た2種類のチューブリンタンパク質がヘテロ2量体を形成しサブユニットとなり、それが重合した円筒状の繊維です。直径25nmとアクチンの5倍ぐらい太いため、アクチンフィラメントと比べると固くてしっかりした繊維を形成します。輸送の軌道として使われる以外にも、繊毛・鞭毛運動の発生に働いたり、核分裂のときに染色体を2つに分ける分裂装置（紡錘体）という構造を形成したりします。

　細胞骨格が人間の作った道路や線路よりも優れているところは、必要な場所や時間にサブユニットが集まってすぐに作る（重合）ことができ、必要がなくなったときにはすぐさまサブユニットに解体できる（脱重合）ところです。細胞骨格は、常に周りの状態に応じて細胞内で臨機応変に構築されます。

　また、細胞骨格にはいろいろな調節タンパク質が結合することで様々な特性が備えられます。例えば、細胞骨格同士をつなげるタンパク質（架橋タンパク質）があると、束化されしっかりとした太い構造を作ることができます。また、架橋タンパク質に角度がついていると、細胞骨格同士が斜めに架橋されて、3次元的に複雑な網目状の構造を作ったりもできます。さらに、細胞骨格の長さを切って揃えたりするタンパク質も知られています。真核細胞の細胞内は細胞骨格によって、複雑かつ整然と整えられているのです。

アクチンフィラメントと微小管

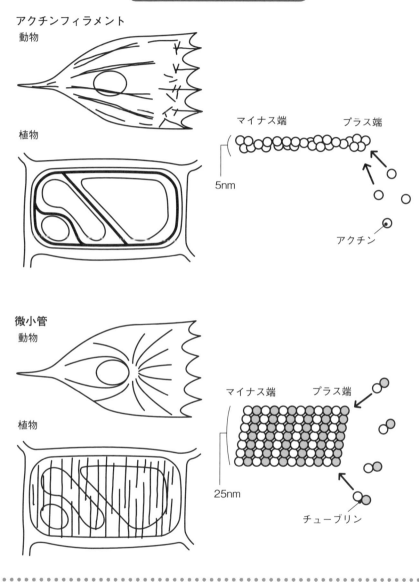

アクチンフィラメント

動物

植物

マイナス端　　　　プラス端

5nm

アクチン

微小管

動物

植物

マイナス端　　　　プラス端

25nm

チューブリン

 ワンポイント

細胞内で臨機応変に構築

4.3 細胞内の車（モータータンパク質）

　モータータンパク質は、ATP加水分解のエネルギーを使って運動することが可能な、真核生物だけが持つ精巧なタンパク質です。モータータンパク質の働きによって、筋肉の収縮、鞭毛や繊毛の運動、アメーバ運動、植物の原形質流動などが発生することが知られています。モータータンパク質として、アクチンフィラメント上を運動するミオシン、微小管上を運動するキネシンとダイニンの3種類が知られています。

　動物は、3種類のモータータンパク質を様々な機能に使い分けています。一方、植物は進化の途中でダイニンを捨ててしまったらしく、被子植物にはダイニンがありません。植物は細胞内の輸送をミオシンとキネシンだけで賄っています。

　例えばミオシンは、大きく分けて、細胞骨格に結合し運動を司る頭部（モータードメイン）と、積荷などと結合する尾部（テイルドメイン）に分けられます。モータードメインにATPが結合すると、加水分解エネルギーによりモータードメインの構造が変化します。この構造変化がモーターの基部にあるコンバーターと呼ばれる可変領域に伝わります。さらにその変化がコンバーターに続くネック領域と呼ばれる長い棒状構造によって増幅され、運動が発生します。ミオシンがアクチンフィラメント上を運動する様子は、あたかも人がロープの上を歩いて渡っているようです。ただ、モータータンパク質は1秒あたり10歩から100歩ぐらいで歩くため、ヒトと比べるとかなりの速足です。モータータンパク質は、「アクチンとの結合・解離」、「構造変化に伴うネック領域の振り」が巧妙に連動することで運動できるナノマシンといえます。

　一方、お尻にあたるテイルドメインは積荷と結合する部分です。テイルドメインの棒状部分が2本よじれて（ダイマー化）、2つ頭のモーターを形成する場合もあります。テイルドメインの先端には、アダプタータンパク質と呼ばれる小さなタンパク質を介して細胞小器官などの積荷と結合します。時と場合によってアダプタータンパク質を使い分け、1種類のモータータンパク質が様々な積荷（小胞、細胞小器官、メッセンジャーRNA）を輸送できることが知られています。

モータータンパク質の運動メカニズム

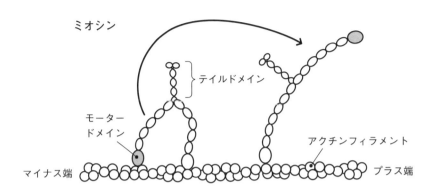

ミオシン

テイルドメイン

モーター
ドメイン

アクチンフィラメント

マイナス端　　　　　　　　　　　　　　　　　　　　　　　　　プラス端

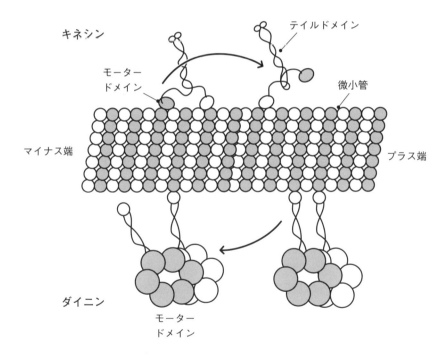

キネシン

テイルドメイン

モーター
ドメイン

微小管

マイナス端　　　　　　　　　　　　　　　　　　　　　　　　　プラス端

ダイニン

モーター
ドメイン

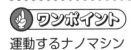

ワンポイント

運動するナノマシン

4.4 植物のミオシン

　細胞によっては細胞質や細胞小器官が一方向に流れるような現象が観察され、原形質流動と呼ばれています。例えば、粘菌変形体やショウジョウバエの卵母細胞、植物細胞などで見られるものです。同じ名前で呼ばれますが、実は発生の仕組みはそれぞれ異なっています。植物の原形質流動は、タマネギやオオカナダモの細胞で手軽に観察できるので、よく理科実習などで使われます。大きく成長する植物細胞の原形質流動の役割として、細胞内小器官を細胞内に均等に配置したり、物質を循環したりすることが考えられますが、本当の役割に関してはまだわかっていません。原形質流動は、植物細胞内に張り巡らされた細胞骨格アクチンフィラメントを軌道として、その上を細胞小器官などに結合したモータータンパク質ミオシンが運動することで発生しています。これは私たちヒトの筋肉の収縮とメカニズムが同じです。原形質流動は今から250年前、1772年、イタリアの顕微鏡学者であるボナヴェントゥラ・コルティ（Bonaventura Corti）によって報告されたのが最初だといわれています（初期の顕微鏡を用いてシャジクモの細胞内が運動している現象を発見しました）。1807年にドイツの植物学者ルドルフ・トレヴィラーヌス（Ludolph Christian Treviranus）がこの現象を再発見しましたが、熱の不等分布による対流のような現象と考えられました。それから150年後の1956年、神谷宣郎らは、原形質流動は原形質のゾル＝ゲル界面での能動的な「すべり」によって発生する、とする滑り説を提唱しました。この現象は、アクチンフィラメントの重合阻害剤であるサイトカラシンによって阻害されることから、流動力は筋肉と同じアクチンとミオシンの相互作用によって発生するものであることがわかりました。1974年にシャジクモからアクチンタンパク質が、1994年にはシャジクモやユリの花粉管からミオシンタンパク質が単離同定されました。2003年には、電子顕微鏡によってその姿形が明らかとなるとともに、1分子レベルでの運動解析によって、植物ミオシンが35nmの歩幅であたかもヒトが歩くようにアクチンフィラメント上を運動していることが明らかとなりました。運動速度から換算すると、1秒間に100歩歩いている計算となり、1歩あたりおよそ1分子のATPが消費されると見積もられました。

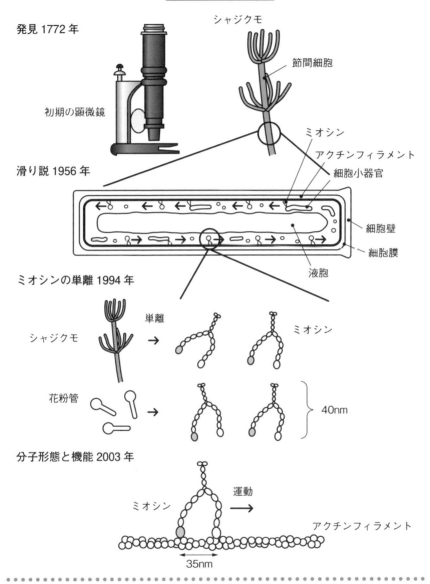

原形質流動の研究史

発見 1772 年

初期の顕微鏡

シャジクモ

節間細胞

滑り説 1956 年

ミオシン
アクチンフィラメント
細胞小器官
細胞壁
細胞膜
液胞

ミオシンの単離 1994 年

シャジクモ

単離

→

ミオシン

花粉管

→

40nm

分子形態と機能 2003 年

ミオシン

運動

アクチンフィラメント

35nm

 ワンポイント

1 秒間に 100 歩を歩く

4.5 生物界最速のシャジクモミオシン

　原形質流動は、250年前に始めて淡水産藻類シャジクモの細胞で観察されました（4.4）。シャジクモは湖やため池などに生育する淡水性の緑色藻類で、陸上植物が地上に進出する直前の先祖にあたると考えられています。シャジクモの細胞はとても大きくて、10cm以上になることもあります。実験用の精密バサミを使えば細胞を切り開くこともできることから、昔は細胞生理学の実験によく用いられていました。巨大なシャジクモの細胞内で発生している原形質流動はとても速くて、一般的な陸上植物の10倍以上になります。その原形質流動を発生しているシャジクモミオシンは、現在知られている生物が持っているモータータンパク質の中で最速になります。

　2003年に、シャジクモミオシンの遺伝子を昆虫の培養細胞（タンパク質の発現システムとして利用される）に導入し、シャジクモタンパク質を作らせることに成功しました。シャジクモミオシンのモータータンパク質としての運動速度は、陸上植物ミオシンの運動速度よりも10倍以上速いことが実証されました。また、運動のエネルギーを発生しているATPの分解速度を測定すると、陸上植物ミオシンの10倍近いことがわかりました。細胞サイズが陸上植物細胞の1,000倍以上になるシャジクモでは、物質の細胞内輸送に生物界最速のモータータンパク質（シャジクモミオシン）が必要だったと想像できます。

　重力がある地上で植物が光を求めて上へと成長するとき、シャジクモのように細胞を大きくするとすぐに折れてしまいます。一方、水中では浮力によって重力の影響が少なく、細胞を大きくすることが陸上よりもたやすかったと考えられます。シャジクモは水中で光を求めて立ち上がる際に、陸上植物のように細胞をたくさん作って積み上げるよりも、1つの細胞を大きくする方法を選んだのかもしれません。そのため、エネルギーをたくさん消費する超高速型のシャジクモミオシンを獲得する必要があったのですが、トータルのエネルギー収支では、そちらのほうが効率的には良かったのかもしれません。

　私たちは、生物界最速のシャジクモミオシンを利用して、陸上植物の原形質流動を人工的に速めることで植物を大きくしようと試みています。その話は次の章でしたいと思います。

陸上植物の10倍の速度

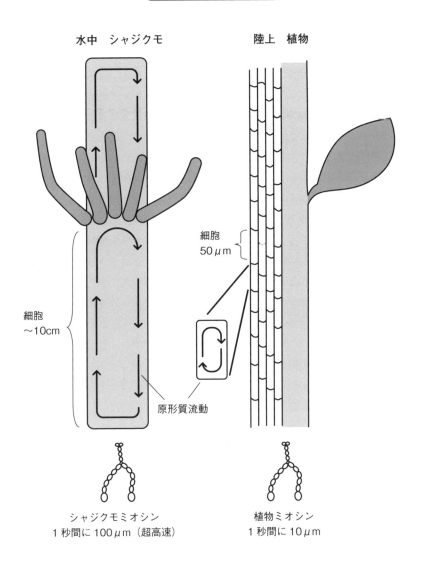

水中　シャジクモ　　　　陸上　植物

細胞
50μm

細胞
～10cm

原形質流動

シャジクモミオシン
1秒間に100μm（超高速）

植物ミオシン
1秒間に10μm

 ワンポイント

大きな細胞には速いミオシン

4.6 植物ミオシンの様々な機能（植物成長）

　2000年にシロイヌナズナの全ゲノム配列（1億4,000万塩基対）がすべて解読されました。それによって、シロイヌナズナが持つ全遺伝子（1.2）が明らかとなりました。さらに、特定の遺伝子の配列を人工的に改変することで、その遺伝子がコードしているタンパク質を欠損させたり（ノックアウト）、機能を人為的に改変したりする遺伝子操作も発達しました。こういった遺伝子情報や操作技術の発達によって、植物ミオシンによって発生する原形質流動の研究も、細胞レベルから分子レベルに掘り下げて行えるようになりました。

　ゲノム配列の解析から、動物・植物あわせてこれまでにおよそ80種類のミオシン遺伝子が見つかっており、見つかった順番にクラス分けされています。植物には植物だけにしか存在しないクラスⅧ（8）とクラスⅪ（11）の2種類のミオシンが存在することがわかっています。このうち、原形質流動の発生にはクラスⅪのミオシンが関与しています。ところがゲノムが明らかになると、シロイヌナズナのミオシンⅪには13種類もの仲間がいることがわかりました（Ⅺ-1、Ⅺ-2、Ⅺ-A、Ⅺ-C、Ⅺ-D、Ⅺ-E、Ⅺ-F、Ⅺ-G、Ⅺ-H、Ⅺ-I、Ⅺ-J、Ⅺ-K）。単に原形質流動を発生するだけなら、せいぜい2〜3種類のミオシンがあれば良さそうな気がします。この種類の多さから、ミオシンⅪには様々な機能や役割分担があることが予想されるようになりました。

　まずは、13種類あるミオシンⅪの遺伝子を1つずつノックアウトし、それが原形質流動や植物にどう影響するかが調べられました。そうすると、ミオシンⅪ遺伝子を単独でノックアウトしても、植物の形や成長にほとんど変化がないことがわかりました。次に、ミオシンⅪ遺伝子を2重や3重でノックアウトした多重ノックアウト株が作られました。そうすると、特定のミオシンⅪの組み合わせが、植物の大きさを段階的に小さくすることがわかりました。特にミオシンⅪ-1、Ⅺ-2、Ⅺ-B、Ⅺ-Kの間の多重ノックアウトは、植物を著しく小さくすることがわかりました。また、これらの多重ノックアウト株では、原形質流動の速度も著しく遅くなりました。すなわち、原形質流動が4種類ぐらいのミオシンⅪにより動かされていて、その流動が植物の成長に重要であるということがわかってきました。

多重ノックアウトで小さくなる

ミオシン遺伝子　　　　　　　　　　ノックアウト

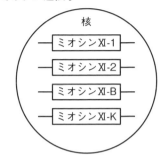
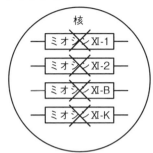

ミオシンタンパク質

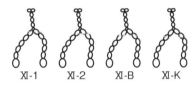

XI-1　　XI-2　　XI-B　　XI-K　　　　XI-1　　XI-2　　XI-B　　XI-K

原形質流動

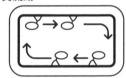
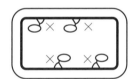

植物の成長

小

　**ワンポイント**

4種のミオシンが成長に影響

4.7 植物ミオシンの様々な機能（姿勢維持）

　シロイヌナズナでミオシンXIが13種類も存在することがわかり、原形質流動以外にも重要な役割をしているのではないかと考えられ、主にノックアウトを使った研究が進められてきました。そういった研究によってわかってきた、植物におけるミオシンXIのいくつかの役割を紹介したいと思います。

　動物が自由に動けるのに対し、植物は自ら移動することができません。そこで植物は、光や重力などの周辺環境に応じて、様々な反応を獲得してきました（環境応答機構）。その1つが、重力や光を検知し、生育に有利な条件を求めて植物体を屈曲させる仕組みです。昔から、植物の屈曲反応については多くの研究がなされてきました。例えば重力に対する屈曲は、細胞小器官の一種であるアミロプラストの沈降によって引き起こされるという話をしました（3.4）。さらに植物には、屈曲した後に新しい重力方向にきちんとまっすぐに伸びるという仕組みもあります（1880年のダーウィンの著書の中にも登場します）。

　最近、ミオシンXI-FとXI-Kの遺伝子2種類を同時にノックアウトすると、茎や葉がグニャグニャに曲がってしまうことが発見されました。これらの変異株では、光や重力の刺激には反応し屈曲するのですが、反応が過剰になってしまいます。さらに、実験的に光と重力の刺激をなくした状態（暗所かつ疑似微重力状態）では、通常の植物がまっすぐに育つのに対し、ミオシンXIの2重変異株では茎が曲がり続けてループ状になってしまいました。これらの発見から、アクチン－ミオシンが屈曲に対するブレーキのような働きをし、器官をまっすぐに伸ばしているのではないかと考えられました。

　特に、ミオシンXI-Fは茎の維管束に存在する繊維細胞（2.12）と呼ばれる植物を支えるとりわけ長い細胞で発現していることがわかりました。繊維細胞には、非常に長いアクチンフィラメントの束が存在しています。繊維細胞における長いアクチンとミオシンが協調して、細胞の屈曲を検知し何らかのシグナルを出すことで、植物の姿勢を最適に保っているのではないかという、とても興味深いモデルが提唱されています。

屈曲にブレーキ

ミオシン遺伝子

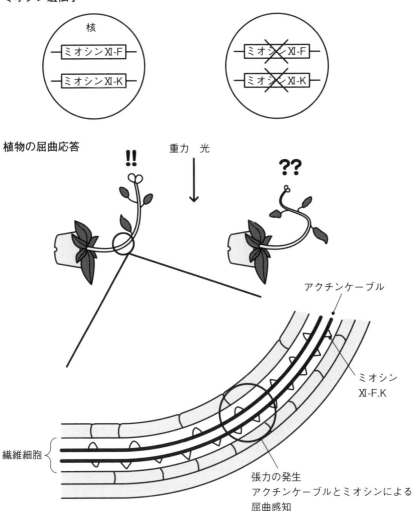

植物の屈曲応答

重力　光

アクチンケーブル

ミオシン
XI-F,K

繊維細胞

張力の発生
アクチンケーブルとミオシンによる
屈曲感知

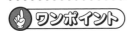 ワンポイント

アクチンとミオシンで屈曲を検知

4.8 植物ミオシンの様々な機能（病原菌を集中攻撃する）

　病原菌に曝されたとき、植物が独自の方法で防御することをお話しました（3.16）。例えば、麦や野菜などに深刻な被害をもたらす病害にうどんこ病というものがあります。名前の通り、葉っぱの表面にうどんの粉を振りかけたように白いカビが生える病気です。うどんこ菌は、植物の葉に付着すると菌糸をのばし、植物の細胞壁と細胞膜を貫いて細胞の中に侵入します。侵入に成功した菌糸には、吸器という器官が作られます。吸器は植物細胞から栄養分を吸収したり、植物免疫を抑えるエフェクター因子を導入したりするための、その後のうどんこ菌の繁殖にとって大事な器官です。対して植物は侵入部位の先端をカロースやリグニンを含むパピラと呼ばれる構造で覆い、必死で侵入を阻止しようとします。植物と、うどんこ病菌の攻防の最前線であるパピラ形成部位には、原形質流動のレールであるアクチンフィラメントが急激に集中することが知られています。そのアクチンを伝うようにして、パピラ形成部位の植物細胞側には、小胞やペルオキシソーム、ゴルジ体、ミトコンドリアや核といった細胞小器官が集まってきます。あたかも、戦場の最前線に指揮官や兵士たちが送り込まれるような様子です。

　このとき、アクチンフィラメントを薬剤で壊すと、病原菌の感染率が高まることがわかっています。したがって、おそらくこのアクチンフィラメントと細胞小器官のパピラへの集中が、植物の防衛システムにとって非常に重要な働きをしていることが考えられます。

　最近の研究から、原形質流動を発生しているミオシンXIを多重ノックアウトした株では、パピラへのアクチンの集中が起こらなくなることがわかりました。それによって細胞小器官の集合、パピラの形成など、病原菌の侵入を阻止するために重要な一連の反応が抑えられてしまうことがわかりました。実際にミオシンXIの多重ノックアウト株では、病原菌に対する感染率や罹病性が高くなってしまいます。植物のミオシンXIによる細胞内の輸送が、植物の外敵防御にとってとても重要だという興味深い事実が示唆されました。

うどんこ菌との戦い

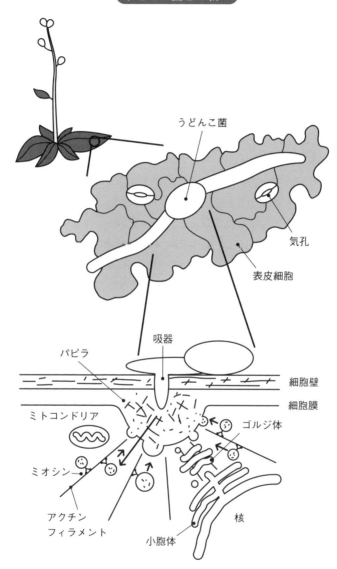

 ワンポイント

小胞や細胞小器官が集合

4.9 遅いミオシンXI

　シロイヌナズナに13種類存在するミオシンXIは、モーターとしての性能も似ているのでしょうか？実は最近、それぞれのミオシンXIの運動速度に結構違いがあって、低速、中速、高速の3つのグループに分けられることがわかってきました。このうち、原形質流動を発生しているミオシンXIたちは中速に分類されました。速度は1秒間に5μmぐらいで、おおよそ原形質流動の速度と一致していました。一方、高速に分類されるミオシンXIには、姿勢維持に働いていたミオシンXI-Fも含まれていました（4.7）。その他、花粉で特異的に発現するミオシンXIがこのグループに多数含まれていました。運動速度は1秒間に10〜25μmで、原形質流動を発生する中速ミオシンXIの2〜3倍の速度を発生します。花粉で発現するミオシンXIの多重ノックアウトは、花粉管の伸長を著しく阻害します。花粉管は先端に細胞壁前駆体を含む小胞を輸送することで、急速な先端成長（2.8）を行っています。長く早く成長する花粉管の先端に小胞を運ぶために、特に速いミオシンXIが必要なのだと考えられます。

　逆にとても遅いミオシンXIも1種類だけ存在しました。速度は1秒間に0.25μmで、他のミオシンXIに比べて1ケタぐらい遅いです。この低速ミオシンXI-Iの役割の1つが明らかとなりました。それは核の運動と形の維持でした。シロイヌナズナの核はラグビーボールのような紡錘形をしています。また、この核を長時間観察すると、細胞内で前後にゆっくりと運動していることが知られています。低速ミオシンXIをノックアウトすると、核の形がまん丸くなり、前後の運動もほとんど見られなくなりました。さらにこの低速ミオシンXI-Iは、WITというタンパク質を介して核膜に結合することも明らかになりました。遅いミオシンXI-Iとアクチン繊維の相互作用によって、核の形や運動が維持されていることが示されました。ただ、このノックアウト株の表現型（植物の姿形）は野生株と変わりませんでした。したがって、核の形や運動が植物の機能にとってどういった役割があるのかはまだわかっていません。

　陸上植物の先祖であるシャジクモやコケには、ミオシンXIが数種類しかいません。高等植物は、ミオシンXIの種類を増やし速度にバリエーションを持たせることでいろいろな植物機能を進化させたのかもしれません。

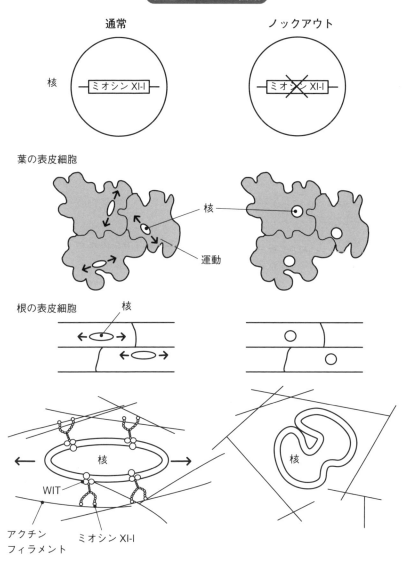

低速ミオシンの役割

通常　　　　　　　　　　　ノックアウト

核　　ミオシン XI-I

葉の表皮細胞

核

運動

根の表皮細胞　核

核

WIT

アクチン
フィラメント　ミオシン XI-I

- -

ワンポイント

ラグビーボールが丸くなる

- -

植物のウイルス

　植物もウイルスに感染し病気になります。そもそもウイルスの存在は、タバコモザイクウイルスと呼ばれる植物ウイルスで初めて報告されました。ウイルスの発見以前は、感染症の原因は寄生虫を除いて細菌によるものだと考えられていました。1892年、ロシアのディミトリー・イワノフスキーが、タバコモザイク病の病原が細菌濾過器を通過しても感染性を失わないことを発見しました。それは細菌のように顕微鏡では観察することができない極めて小さい存在であることを報告しました。

　現在、植物ウイルスは世界の作物収穫にかなりの損害を与えていることが知られていますが、動物ウイルスに比べて研究は進んでいません。植物は動物と違って動き回って他の個体と接触することがないことや、細胞が細胞壁で囲まれていることから、植物ウイルスには動物ウイルスとは違った感染や拡大の戦略が必要です（5.16）。まず、植物ウイルスは植物体表面についた傷や、昆虫などの媒介生物を介して植物細胞に侵入します。感染した植物ウイルスは植物細胞の機能を利用してウイルスタンパク質を翻訳し、ウイルスゲノムの複製を開始します。動物細胞の場合、初期増殖したウイルスは分泌という形で細胞外に放出されますが、植物の場合は細胞質同士をつなぐ原形質連絡（2.10）を利用して細胞間移行されます。この時、移行タンパク質と呼ばれるウイルスタンパク質が原形質連絡に入り込み、原形質連絡を押し広げてウイルスを通過しやすくします。そして植物ウイルスは周囲の細胞へと拡がったのち、維管束系へ侵入し「長距離移動（2.13）」によって植物の体全体へと拡大します。

　抗体などの免疫システムを持たない植物は、RNAサイレンシングという方法でウイルスに対抗しています。RNAサイレンシングとは20塩基程度の短いRNA（siRNA）がRNAを分解したり翻訳を阻害したりする機構です。植物ウイルスのRNAは植物のRNAサイレンシングによって複製が抑えられます。一方、植物ウイルスはサイレンシングサプレッサータンパク質というRNAサイレンシングを抑えるようなタンパク質を獲得してこれに対抗しています。

第 5 章
進化するバイオテクノロジー

　約250年前に始まった産業革命以降、人類が化石燃料（石炭や石油）を燃やすことで、大気中の二酸化炭素濃度が上昇しています。そして二酸化炭素が持つ温室効果により、地球の気温が上昇する「地球温暖化」が進んでいます。化石燃料はもともと、太古の大気中の二酸化炭素が光合成によって固定され、微生物や植物のバイオマス（生物由来の有機性資源）として数億年の歳月をかけて地中に埋没してできたものです。人類はそれらを掘り起こし、数百年の単位で燃やすことで大量の二酸化炭素を大気中に戻していることになります。地球温暖化は、気候システムのバランスに影響し、これまでにない極端な気候の変化が全地球的に起きています（気候変動）。

　まず、地球のスケール感を把握しつつ、地球温暖化の仕組みを考えてみたいと思います。ただ、地球の規模が大きすぎてイメージが難しいので、地球を直径1mのボールと仮定しましょう（実際の直径は1万2,700km）。そうすると、地球上の海水の総量は600mL（ペットボトル1本と少しぐらい）になります。また、大気圏の厚さはほんの1cm程度です（実際はおよそ100km）。こんなにも薄い層なのですが、もし大気がないと地球の温度は−18℃になるといわれています。太陽エネルギーは地球に向けて常時入射しているのですが、そのエネルギーは赤外線エネルギーとなって地球から宇宙へ放出されるためです。今の地球の平均温度が約15℃（33℃のプラス）に保たれているのは、大気中の温室効果ガス（水蒸気、二酸化炭素、メタンなど）が赤外線エネルギーを受け止めて地表を適度に保温してくれているからです。

　大気中の温室効果ガスの中で、人間活動によって排出される二酸化炭素の急激な増加が、現在の地球温暖化の原因となっていると考えられています。産業革命が始まる約250年前、もともとの大気中の二酸化炭素濃度は約280ppm（parts per million；これは百万分率なので百分率で表すと、0.028%になります）です。これは、炭素量として約6,000億トン（二酸化炭素の量としては3.66をかけて2兆1,960億トン）が大気中に存在していたと見積もられます。産業革命以降、人類は化石燃料を燃やすことで文明エネルギーを得てきました。私たち現代人1人が使うエネルギーは、250年前の先祖に比べ約10倍（日本人は

28倍）以上になり、そのほとんどが化石燃料で賄われています。この250年間で化石燃料の消費によって約2,800億トン、森林破壊によって約2,000億トン、合計5,000億トン相当の炭素が大気中に追加されました。これは、250年前の大気中にもともとあった炭素量の85%にあたります。このうち、60%は海洋や森林に吸収されましたが、残り40%の2,000億トンは大気中に蓄積しました。すでにあった炭素と合わせて8,000億トン（二酸化炭素量としては3.66をかけて2兆9,280億トン）となり、現在の大気中の二酸化炭素濃度は400ppm（0.04%）を超え、なお増加し続けています。

温暖化の仕組み

海の水 600mL
ペットボトル

太陽の光

地球

1m

大気
1cm

太陽の光　　熱の放出

−18℃

15℃

二酸化炭素
メタン

温暖化

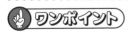

ワンポイント

消費エネルギーは250年前の10倍

5.2 地球温暖化を抑えるための条件

　もちろん過去にも地球レベルでの大きな気温の変化があったことは知られています。ただ、現在進行している温暖化の問題点は、そのペースがあまりにも急激（地質時代の10〜20万倍）で、人類を含む多くの生物が適応できずに絶滅する懸念があることです。そこで地球の生態系が適応可能な範囲に温暖化の速度を抑える必要があります。そのためには2100年までの気温上昇を2℃以内に抑える必要があるといわれています。このラインはあくまでも予測なのですが、気温上昇が2℃を超えると、気候変動による自然災害のリスクが制御不能なレベルに増大し、人類に破局的な影響が出ると考えられています（気候暴走）。例えば、このまま何も対策をとらないとすると、2100年には大気中の二酸化炭素濃度が750〜1,300ppmになり、4℃前後の気温上昇が予測されています。気温上昇を2℃未満に抑えるためには、大気中の二酸化炭素濃度を450ppm（0.045%）以内に抑える必要があるということです。

　現在の二酸化炭素濃度は、産業革命前の280ppmから400ppmに上昇していますので、あと50ppmだけが許される二酸化炭素濃度の上昇分ということになります。炭素の積算排出量に換算すると、産業革命以降2100年までの総炭素排出量を8,000億トン以下にできれば、2℃以内に抑えることができると見積られています。産業革命以降すでに排出された炭素の総量は、5,000億トンに迫っています（5.1）。つまり、2100年までの気温上昇を2℃以下に抑えるため、私たちが排出できる炭素の量は残り約3,000億トンだということになります。現時点で人類は毎年、炭素で90億トンの二酸化炭素を排出し、このうち大気中には年間50億トン（約2.3ppm相当）が蓄積し続けています。すなわち、このままでは50年ぐらいで2℃未満のラインを超えてしまうということです。2℃未満のラインを守るためには、2050年までに世界の温室効果ガス排出量を2010年に比べて40〜70%削減し、2100年には排出をゼロかマイナスにまでしなければなりなりません。

　現在の人類の人口や経済は、化石燃料のエネルギーを使うことを前提に維持されるシステムになっているため、削減は容易ではありません。そこで求められているのが、化石燃料の燃焼を伴わずにエネルギーを作り出す新技術です。

総炭素排出量

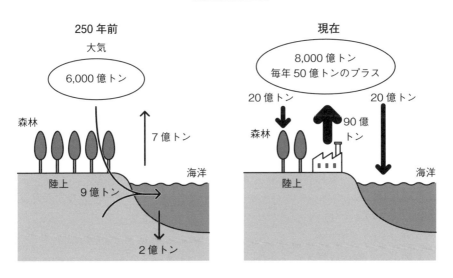

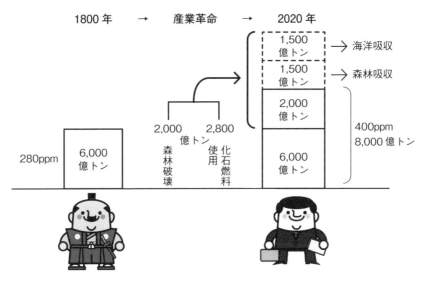

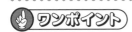 ワンポイント

大気中の CO_2 濃度を 450ppm 以内に

5.3 バイオエタノールとバイオディーゼルとバイオプラスチック

バイオ燃料

　バイオ燃料とは、生物由来の物質（有機物）を利用して作られる燃料のことをいいます。生物由来の物質は元をたどれば、光合成によって二酸化炭素と水より生成された炭水化物です。したがって、今生きている生物から作られた燃料を燃やしても、太古の二酸化炭素から作られた化石燃料を燃やすのと違い、現在の大気中の二酸化炭素の量は増加しません（カーボンニュートラル）。地球温暖化対策の1つとして、バイオエタノール、バイオディーゼルなどと呼ばれる代替燃料に注目が集まっています。

バイオエタノール

　植物由来の糖を原料とし「発酵により製造されたエタノール」をバイオエタノールと呼んでいます。現在は主として、トウモロコシのデンプンやサトウキビのショ糖などが原料として用いられています（第1世代バイオエタノール）。これらは私たちの食べ物でもあるので、食糧との競合が問題となっています。そこで近年、麦わらや木材のセルロースなど、食べ物にならない部分からエタノールを生産する研究開発が行われています（第2世代バイオエタノール）。ただ、細胞壁を構成する強固なセルロースを糖に分解するには大きなエネルギーとコストが必要です。その部分の効率化が課題といわれています。

バイオディーゼル

　バイオディーゼルとは菜種油やパーム油、獣脂など、生物由来の油から作られる燃料のことです。バイオエタノールは酵素反応によって製造する必要がありますが、バイオディーゼルは種子などに蓄えられた油脂を搾り出してそのまま利用することができます。菜種や大豆は、やはり食糧と競合してしまいますので、農耕地に適さない土地でも育つヤトロファや、水の中で育つ微細藻類（5.12）などを利用した生産開発が進められています。

バイオプラスチック

　私たちが日々大量に使用しているプラスチックも石油から作られるため、その削減が求められています。現在、トウモロコシやサトウキビを原料とするポリ乳酸からバイオプラスチックが作られています。

バイオ燃料

サトウキビ

トウモロコシ

発酵・蒸留→バイオエタノール

↓

ガソリン混合

ナタネ

パーム

メチルエステル化→バイオディーゼル

↓

軽油混合

 ワンポイント

コストダウンが課題

5.4 植物科学にできること（植物の強化、遺伝子組み換えとゲノム編集）

　近年、人為的に遺伝子を改変（すなわちタンパク質の性質を改変）し、植物を人が利用しやすい形や性質に変えたり、植物に人が利用しやすい物質を作らせたりする遺伝子工学技術が発達してきました。遺伝子工学技術には従来の遺伝子組み換え技術に加え、ゲノム編集という技術も登場しました。それらをわかりやすく解説したいと思います。

遺伝子組み換え技術

　1970年代に登場した技術で、アグロバクテリウム（植物感染性の細菌）や金の微粒子を使って、植物細胞に外来の遺伝子を導入する技術です。導入された遺伝子は、植物のゲノム上にランダムに挿入されます。例えるなら、完成された楽譜（植物ゲノム）の中に、無作為に新しい音符や別の短い曲（他生物由来の外来遺伝子）を書き込むような形になります。うまく元の曲と曲との間（植物の遺伝子の間）に入れば良いのですが、それは偶然まかせとなります。例えば、もともと存在する重要な遺伝子配列の中に外来遺伝子が入ってしまった場合、本来の機能が邪魔され、植物の成長などに2次的な悪影響が出ることがよくあります。無作為に導入されたたくさんの遺伝子導入株の中から、遺伝子挿入場所に問題がない株を選抜するのにかなりの労力と数年に及ぶ時間がかかることから、効率の良い技術とはいえませんでした。

ゲノム編集技術

　1990年代に、DNA上の特定の配列だけを切断する制限酵素と呼ばれるタンパク質が細菌から発見されました。2012年には、その性質を利用しクリスパーキャス9（目標のDNA配列にガイドをするRNAクリスパーと、DNA切断酵素Cas9タンパク質を組み合わせたもの）を使う画期的な手法が登場しました。この技術は、無作為的な遺伝子組み換えと違って、ゲノム上の狙った場所で「遺伝子の切断」、「書き換え」、「挿入」ができます。元の曲を考慮しつつ、音符を消したり、新しい音符や曲を書き込むことができる技術です。あらかじめ狙った場所に遺伝子が入れられるので、遺伝子導入後の植物の選抜が必要なく、短期間で効率的に遺伝子改変ができるようになりました。

　どちらも、本来の植物が持つ遺伝子を人工的に改変するという意味では同じ

技術です。したがって、ゲノム編集でも他の生物由来の外来遺伝子を導入する場合は、遺伝子組み換えと同じ扱いになります。また、突然変異で起こり得るようなごく短い遺伝子配列の改変をゲノム編集で加えた場合、自然界で起きた変異と見分けがつかなくなるという問題も懸念されています。

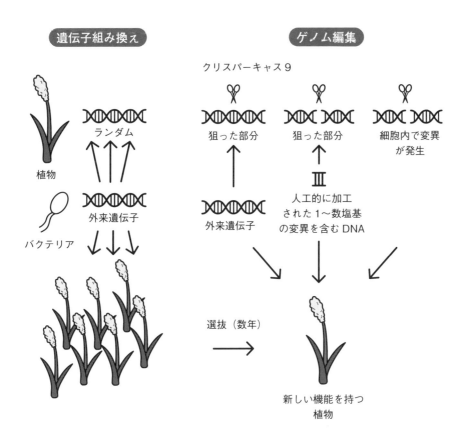

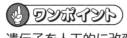 **ワンポイント**

遺伝子を人工的に改変

5.5 遺伝子組み換え技術で、除草剤抵抗性、害虫抵抗性を持たせる

　すでに、遺伝子組み換え技術によって除草剤抵抗性や害虫抵抗性を持たせた作物が、広く世界で栽培され人類の生活に利用されています。

除草剤耐性作物

　除草剤耐性作物とは、遺伝子組み換え技術によって、ある特定の除草剤を撒いても枯れないように改変された作物で、除草剤を撒いて雑草だけを枯らすことができます。

　グリホサートは世界で最も使われている除草剤の1つです。グリホサートは、植物の生育に必須なアミノ酸の生合成に関わるEPSPSと呼ばれる酵素タンパク質に結合して、その働きを阻害します。植物型EPSPSタンパク質は細胞質で翻訳され、葉緑体の元となるプラスチドと呼ばれる細胞小器官に移動して機能します。グリホサートを浴びた植物は必要なアミノ酸を合成できなくなり死んでしまいます。一方、土壌細菌アグロバクテリウム由来の細菌型EPSPSは、グリホサートに対し非常に高い耐性を持つことが発見されました。この細菌型EPSPS遺伝子を遺伝子組み換えにより植物に導入すると、プラスチドの植物型EPSPSが、薬剤耐性を持った細菌型EPSPSに入れ替わります。この作物はグリホサートを撒いても影響を受けず、細菌型を持たない野生の雑草だけが枯れることになります。除草剤耐性作物は現在、ダイズ、トウモロコシ、綿花などで作られ、世界で広く栽培されています。

害虫抵抗性作物

　害虫抵抗性作物には、土壌に生息する細菌バチルス・チューリンゲンシス（_Bacillus thuringiensis_；Bt）が産生する殺虫作用を持ったタンパク質（Btタンパク質）を作る遺伝子が導入されています。作物にBt遺伝子を導入すると、植物の細胞内でBtタンパク質が作られ溜め込まれます。昆虫がこの害虫抵抗性作物を食べると、一緒にBtタンパク質が取り込まれます。Btタンパク質は、昆虫の消化管細胞表面にある受容体タンパク質に結合して、細胞膜に穴を開け消化管を破壊し殺します。このBtタンパク質は特異性が極めて高くて、ヒトには無害です。害虫抵抗性作物は化学農薬の使用回数を減らし、農家の省力化や省コスト化、環境への負荷軽減など、多くのメリットがあります。

除草剤耐性作物

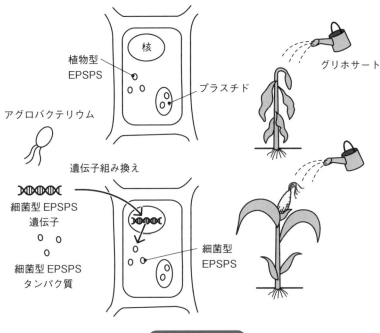

- 植物型 EPSPS
- 核
- プラスチド
- アグロバクテリウム
- グリホサート
- 遺伝子組み換え
- 細菌型 EPSPS 遺伝子
- 細菌型 EPSPS タンパク質
- 細菌型 EPSPS

害虫抵抗性作物

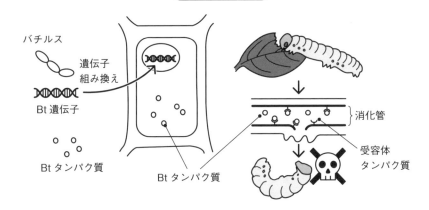

- バチルス
- 遺伝子組み換え
- Bt 遺伝子
- Bt タンパク質
- Bt タンパク質
- 消化管
- 受容体タンパク質

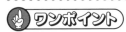

ワンポイント

農作業と環境への負荷低減

5.6 植物からエネルギーを取り出す

　これまで植物の遺伝子組み換え技術は、主にトウモロコシ、コムギ、ダイズなどといった食料作物の増産や品質を改善するために利用されてきました。しかし近年、植物を化石燃料に替わる新たなエネルギー源として利用しようとする動きが進んでいます。

　現在、地球の大気中には8,000億トン相当の炭素が、二酸化炭素として存在します（5.2）。その15%にあたる1,200億トンの炭素が、毎年陸上植物による光合成で固定されています。そのうち半分の600億トンが、植物の体を作る炭素化合物として植物体内に蓄積しています。これはバイオマス（生物由来の有機性資源）とも呼ばれるもので、その大半が細胞壁です。細胞壁の主成分であるセルロースは地球上で最も多い有機化合物といわれています（2.6）。身近では木材や麦ワラなどが知られていますが、現在人類が利用できているのはほんの14億トン程度で、残りのほとんどは分解されて再び大気中に戻ります。

　一方、人類が化石燃料を燃やすことによる炭素の排出量は年間90億トンで、陸上植物が年間に光合成で固定する炭素の2割弱です（5.2）。したがって単純計算ですが、植物が年間に作り出すバイオマス600億トンのうち2割でも人類がエネルギーとして有効利用できれば、化石燃料に頼らず二酸化炭素を排出しない持続型社会への転換が期待できます。

　しかし、現在利用されている植物由来バイオエタノールやバイオプラスチックのほとんどは、トウモロコシやサトウキビの糖を原料とするため、食糧との競合が問題となっています（5.3）。そこで、食糧にならない植物や、茎や葉などの木質部分のセルロースを原料とした第2世代のバイオエタノールやバイオプラスチックの開発が期待されています。ただ、強固なセルロースを分解（糖化）しエネルギーを取り出すには、熱や化学薬品処理などの前処理と、セルラーゼといったセルロース分解酵素タンパク質を用いた生物的分解が必要です。今後、植物バイオマスの資源化には、安価で高機能なセルラーゼの開発が不可欠です。例えば、土壌中やシロアリの体内に存在する菌などから有用なセルラーゼ生産菌株が発見されており、さらに遺伝子組み換え技術を使って、酵素の生産効率や活性を上げる研究が行われています。

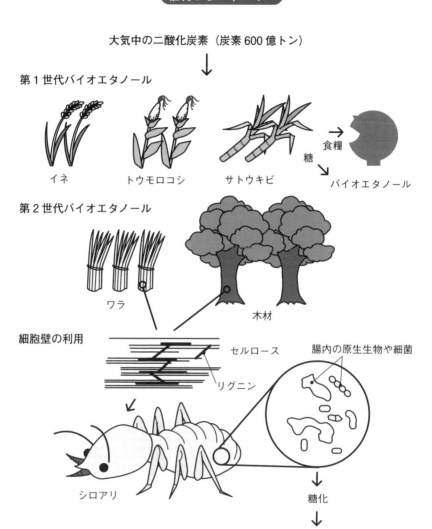

植物からエネルギー

大気中の二酸化炭素（炭素600億トン）

第1世代バイオエタノール

イネ　　　トウモロコシ　　サトウキビ

糖　　食糧

バイオエタノール

第2世代バイオエタノール

ワラ　　　　　木材

細胞壁の利用

セルロース

リグニン

腸内の原生生物や細菌

シロアリ

糖化

バイオエタノール

ワンポイント

安価で高機能なセルラーゼの開発

5.7 植物の細胞壁を使いやすくする試み

　バイオエタノールの原料として、これまで廃棄されてきた木材バイオマスを利用する方法が考えられています。ただ現状では、細胞壁の主成分であるセルロースを分解（糖化）してエネルギーとして取り出すためには、逆に多くのエネルギーやコストが必要になります（5.6）。特に、木化が進んだ細胞壁（二次壁）には、力学的強度を加えるためにセルロースの間にリグニンが蓄積されます。森林は二酸化炭素吸収源として非常に大きく、また食糧生産と競合しないため、次世代バイオ燃料や次世代バイオ素材であるセルロースナノファイバーの供給源として注目されています。ところが、木質バイオマスに大量に含まれるリグニンはセルロース分解酵素による分解を阻害するため、バイオ燃料を作り出す際の大きな障壁となっています。木材からリグニンを除去するためには、熱や化学薬品の投入による前処理に大きなエネルギーが使われてしまいます。そこで、そもそもリグニンの含有量が少ない樹木を、遺伝子工学技術で人工的に作ってやろうという開発が進められています。

　植物の細胞壁は、細胞成長の初期に形成されるあらゆる細胞が持つ一次細胞壁と、細胞成長が止まった後に強度を必要とする細胞（道管や繊維細胞）に蓄積されるリグニンを多く含む二次細胞壁（木質）に分けることができます。例えば、モデル植物シロイヌナズナでNSTタンパク質という転写因子を壊した植物（NST変異体）は、二次細胞壁（木質）が形成できずふにゃふにゃになってしまいます。面白いことにこの植物に、一次細胞壁の形成に関わるERFタンパク質という転写因子の遺伝子を導入すると、本来なら二次細胞壁が形成される個所に一次細胞壁に似た細胞壁（一次様細胞壁）が蓄積されることがわかりました。すなわち、リグニンの多い二次細胞壁が少なく、一次細胞壁だけで体が作られた植物を人工的に作り出せたことになります。例えば、この方法を応用すると、バイオ燃料生産にとって厄介なリグニンが少ない樹木を人為的に作り出すことが可能になります。このような木質バイオマスが普及すれば、前処理で投入する熱エネルギーや化学薬品の量を減らし、石油などの化石燃料を代替できる次世代のエネルギーをより簡単に得ることが可能になります。

木質バイオマスの改良

野生株

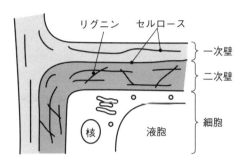

リグニン　セルロース

一次壁
二次壁
細胞
核　　液胞

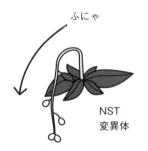

ふにゃ

NST
変異体

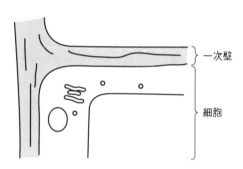

一次壁
細胞

NST
変異体
＋
ERF 遺伝子

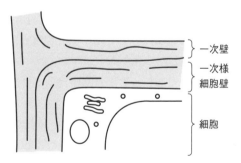

一次壁
一次様
細胞壁
細胞

ワンポイント

リグニンの少ない樹木

5.8 気孔開度強化による植物の大型化（口を大きく開けたら、体が大きくなった）

　もし植物の光合成能力を人工的に高めることができれば、二酸化炭素固定能力が増強し地球温暖化の抑止につながると思われます。ここでは、二酸化炭素の取り込み口である気孔の開度を大きくして、光合成能力を高めようという非常にユニークな研究開発をご紹介します。

　陸上植物は、乾燥を防ぐためにクチクラで全身を覆ってしまったことから、二酸化炭素や酸素のガス交換するために、葉の表面に気孔という特殊な孔を作りました（3.9）。したがって陸上植物では、気孔が二酸化炭素のほぼ唯一の取り込み口となります。陸上植物の光合成の活性を限定している要因の1つが、二酸化炭素が気孔を通る際に生じる抵抗（気孔抵抗）になります。ですので、もし気孔の開き具合を人工的に大きくすることができれば、気孔抵抗が低下することで光合成活性が上がるのではという可能性が考えられていました。しかし、これまで気孔の開度を調節する仕組みがわかっていなかったため、具体的な開発は進んでいませんでした。

　近年の研究から、光による気孔の開口には、孔辺細胞の細胞膜に存在する青色光受容体フォトトロピン、浸透圧を作り出すプロトンポンプやカリウムチャネルといったタンパク質の関与が明らかとなってきました（3.9）。これらのタンパク質のうち、孔辺細胞の細胞膜に存在するプロトンポンプの量を人工的に増加（過剰発現）させると、気孔開度が通常より25%大きくなることが明らかとなりました。さらに、プロトンポンプの過剰発現株では、二酸化炭素吸収量が約15%増加し、植物の乾燥重量（バイオマス）が1.4〜1.6倍増加することが明らかとなりました。

　このシステムの優れたところは、気孔が開きっぱなしになるのではなく、周囲が乾燥したり夜になったりすると気孔がきちんと閉じられ、植物が乾燥から守られることです。気孔開度の増加はフォトトロピンやカリウムチャンネルの過剰発現では起こりませんでした。プロトンポンプによる気孔開口のメカニズムは植物共通であることから、トウモロコシや小麦やイネといった重要な作物に応用し、その限られた耕地あたりの収穫量の増産が期待されます。

プロトンポンプの量を増やす

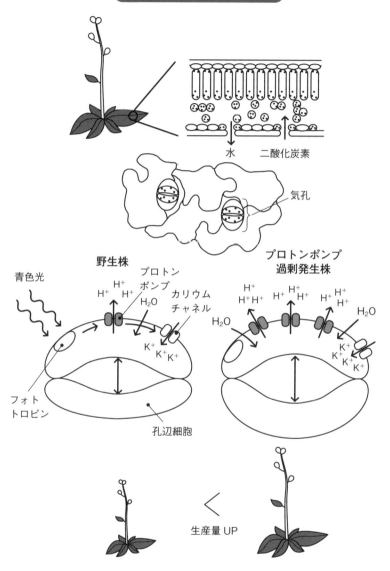

水　　二酸化炭素

気孔

野生株　　　　　　　プロトンポンプ
　　　　　　　　　　過剰発生株

青色光

H⁺　プロトン
ポンプ
H₂O
カリウム
チャネル
K⁺ K⁺ K⁺

フォト
トロピン

孔辺細胞

生産量 UP

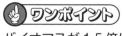

バイオマスが 1.5 倍に

5.9 寄生植物ストライガ

　近年、ストライガという植物による農業被害が深刻化し、アフリカにおける食糧問題の原因の1つになっています。ストライガは紫色のかわいくてきれいな花を咲かせるのですが、「魔女の雑草」の異名を持つおそろしい寄生植物です。ストライガは、トウモロコシ、ソルガム、イネ、コムギなど主要なイネ科作物の根に寄生して、養分や水分を吸い取って生育します。ストライガの被害面積は日本の面積に匹敵する4,000万ヘクタールで、被害額は年間1兆円に上り、およそ1億人の人々に影響しているといわれています。

　ストライガはとても巧妙な生存戦略を持っているため対策が難航しています。ストライガの種は非常に小さくて（約0.2mm）、種の状態で何十年と土の中で休眠することができます。農薬にも強くて土壌中から取り除くことがほぼ不可能です。さらに土壌中で30〜40年もの間、宿主となる植物がやって来るのをじっと待ち続けることができます。そして近くで作物が発芽すると、作物が根から放出する植物ホルモン「ストリゴラクトン（3.7）」を目覚ましにして発芽します。ストリゴラクトンは本来、作物が共生する根粒菌を呼び寄せるシグナルです。発芽したストライガは特殊な根を生やし、それを作物の根に侵入させて養分や水分を奪い取ります。一度ストライガに汚染されてしまうと、その土地で作物を育てることはほぼ不可能になります。

　ただ、ストライガの小さな種には、ほとんど栄養が蓄えられないため、発芽した後4日以内に寄生できないと死んでしまいます。この特性を利用し、ストリゴラクトンに似た目覚まし物質を撒いてやることで、ストライガを事前に発芽させて枯死に導く「自殺発芽」という方法が考案されてきました。

　これまでの研究から、ストリゴラクトンは、ストライガのストリゴラクトン受容体と呼ばれる細胞膜上のタンパク質で受容されることがわかりました。そのタンパク質の構造から、人工ストリゴラクトンの合成が試みられ、スフィノラクトンと呼ばれる物質の合成に成功しました。スフィノラクトンは、とても薄い濃度（$1/10^{13\text{-}15}$mol/L、琵琶湖に小さじ一杯の分子を溶かした程度）で効果があります。また、比較的簡単に大量生産が可能であることから、アフリカという広い土地で「魔女の雑草」の脅威を抑える物質として期待されています。

ストライガの寄生

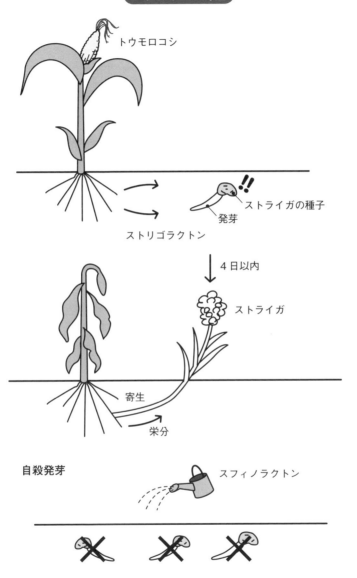

トウモロコシ

ストライガの種子

発芽

ストリゴラクトン

4 日以内

ストライガ

寄生

栄分

自殺発芽

スフィノラクトン

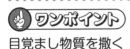

ワンポイント

目覚まし物質を撒く

5.10 根の吸収能力アップ

　植物は、葉で光合成をして糖を作り出すとともに、根では土壌中の無機元素を吸収して生育します。元素の中でも特に植物の要求量が高いものが、窒素、リン酸、カリウムで、肥料の3要素と呼ばれています。これらの元素は土壌中で欠乏しがちで、農業では、これらの元素を含む肥料を植物に与えることが不可欠です。

　これらの元素を鉱物から取り出し合成した化学肥料は、現代農業において作物収穫量の劇的な増加を実現しました（緑の革命）。しかし化学肥料のうちカリウムとリン酸は希少な鉱物から得られており、資源の枯渇が懸念されています。また、製造には莫大なエネルギーが必要なため、二酸化炭素の増加にもつながっています。さらに、広大な農地に多量に与えられた肥料は、その一部しか作物に利用されません。残りの多くは土壌より流出して周辺の環境に流れ出します。これによって、大規模農場周辺の海や湖が富栄養化し、生態系に致命的な悪影響をもたらすことも大きな問題になっています。

　近年、遺伝子工学技術を用いて、少ない肥料でも生育が可能な植物の開発が進められています。土壌中の栄養素は、まず根の表面の細胞で取り込まれ、その後、根の中心に存在する通道組織（道管）まで届けられる必要があります（2.12）。最新の研究から、根における無機元素の吸収や輸送には、細胞膜に存在する輸送体と呼ばれるタンパク質が働いていることが知られてきました。

　例えば、植物の必須元素の1つであるホウ素の輸送には、BOR1とNIP5という2種類の輸送体タンパク質が働いています。根の細胞膜上でBOR1は土壌に面した側、NIP5は道管側（根の内側）に偏って分布します。BOR1がホウ素の取り込み、NIP5がホウ酸の排出を行うことで、根表面から中心へのホウ素輸送がうまく行われています。モデル植物シロイヌナズナを使った実験で、ホウ素が欠乏条件では野生株の成長や種付けが著しく低下するのに対し、BOR1を人為的に過剰に発現した株ではホウ素欠乏に耐性を持つことが明らかとなりました。最近、ホウ素の輸送体以外にも、栄養元素を輸送する輸送体タンパク質が次々と発見されてきています。同様の方法で、様々な必須元素に対する耐性を作物に応用できれば、世界的な肥料の削減につながるかもしれません。

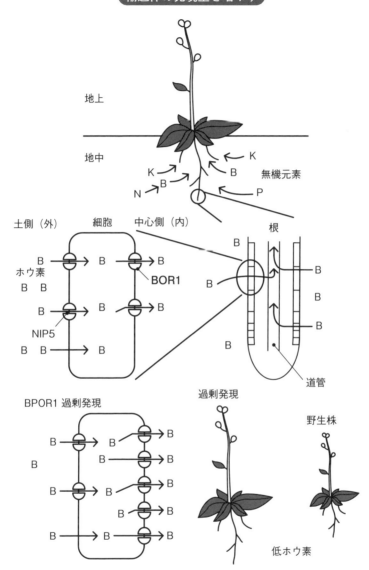

輸送体の発現量を増やす

地上

地中

K

B

無機元素

K

B

N B

P

土側（外）　細胞　中心側（内）　根

B　B　B

ホウ素

B　B

B　BOR1

B　B

NIP5

B　B　B

B　道管

BPOR1 過剰発現

B　B

B　B

B

B　B　B

B

B　B　B

過剰発現

野生株

低ホウ素

ワンポイント

無機元素の吸収 UP

5.11 光る街路樹

　自然界には、ホタル、サンゴ、クラゲ、ウミシイタケなど、光る生物がたくさん存在します。この発光には、光るタンパク質が働いています。生物の発光は、外部から紫外線などの光エネルギーをもらって光る「蛍光」と、体内で化学反応を起こして発光する「化学発光」の2種類があります。どちらも、細胞内で発光するタンパク質がエネルギーを得ることで光ります。

　例えば、ホタルは「化学発光」で光っています。ホタルの細胞はルシフェラーゼと呼ばれる酵素（化学発光タンパク質）を持ち、このルシフェラーゼがルシフェリンと呼ばれる発光基質の酸化を触媒することで発光が起こっています。蛍光タンパク質としては、下村脩博士がオワンクラゲから精製しノーベル賞を受賞した「緑色蛍光タンパク質（Gleen Fluorescent Protein、GFP）」が有名です。GFPは青い光を吸収して緑の蛍光を発します。GFPの遺伝子を様々な遺伝子につないで細胞で発現させることで、それまで見ることができなかった細胞内のタンパク質や細胞小器官を生きたまま光らせて可視化できるようになりました。

　ところで、人類のエネルギー消費の約20%が照明に使われているといわれています。今、光るタンパク質を改良し植物で作らせ、夜でも光る街路樹を作ろうという試みがされています。化学発光タンパク質ルシフェリンは、光を当てなくても光りますが、光がとても弱いことが欠点でした。「化学発光タンパク質」に「蛍光タンパク質」を10nm以内に近接させると、化学発光タンパク質で発生したエネルギーが、蛍光タンパク質を共鳴によって振るわせ、発光の明るさが増加します。この現象は、蛍光共鳴エネルギー移動（Fluorescence Resonance Energy Transfer；FRET）と呼ばれ、クラゲやウミシイタケなど、自然界でも起こっている現象です。最近、化学発光タンパク質ルシフェリンと、GFPを改変した蛍光タンパク質ビーナスを遺伝子工学的につなぎ常にFRETを起こさせることで、ルシフェリン単体の10倍以上明るいナノランタンというハイブリッドな発光タンパク質が開発されました。このナノランタン遺伝子をコケに導入すると、光りを発することが確認されています。近い将来、電気を使わずに町を照らせる街路樹が登場するかもしれません。

遺伝子で発光タンパク質

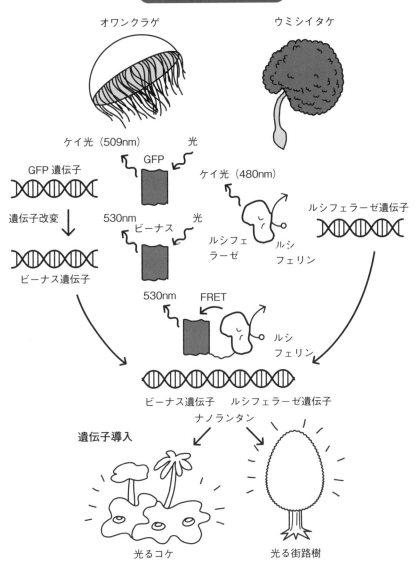

オワンクラゲ

ウミシイタケ

ケイ光（509nm）　光

GFP 遺伝子

GFP

遺伝子改変

ケイ光（480nm）

530nm

ビーナス

光

ビーナス遺伝子

ルシフェラーゼ遺伝子

ルシフェ
ラーゼ

ルシ
フェリン

530nm　FRET

ルシ
フェリン

ビーナス遺伝子　ルシフェラーゼ遺伝子

ナノランタン

遺伝子導入

光るコケ

光る街路樹

 ワンポイント

電気を使わず街を照らす

5.12 藻類バイオマス

　ここまで、化石燃料に替わるカーボンニュートラルなエネルギー源として植物が注目されているということを書きました。しかし、地上の耕作面積には限りがあり、今後、増えていく世界人口を養うために、耕地の多くは食糧作物のために使わなければなりません。陸上植物に替わるバイオマス資源として注目されているのが、植物と同様の光合成能力を持ちながら、水中で生活できる「藻類」と呼ばれる生物たちです。藻類の定義は大雑把で、ワカメや昆布といった「大型海藻」も、ユーグレナやクロレラといった「微細藻類」も、すべて「藻類」に含まれます。

　ここで、藻類が着目される理由を挙げたいと思います。

1.　光合成により二酸化炭素を固定できる

　植物と同じく光合成で、二酸化炭素を固定して炭水化物に生産することができます。藻類バイオマスは、大気や水中の二酸化炭素由来のため、カーボンニュートラルなエネルギー源となります。

2.　水資源を有効活用できる

　藻類は、陸上の農地よりずっと少ない水で育てることができます。農地に散布される水のほとんどは蒸発、もしくは地下や周辺に流れ出してしまうのに対して、藻類の培養は水面からの蒸発分で済むためです。また、海洋性の藻類では海水を使うことができ、枯渇が心配されている淡水を使う必要がありません。

3.　どんな土地でも利用できる

　藻類は水と光さえあれば、基本的にどこでも培養することができます。そのため、砂漠や海上のような、植物が利用できない土地を有効活用することができます。つまり農業と住み分けができるということです。

4.　生産物質の多様性

　藻類は極めて種類が多くて、中には人が有効利用できそうな物質を作っているものが存在します。近年、一部の藻類では遺伝子組み換えやゲノム編集技術も確立されてきており、人に有用な油や物質などを大量に生産できる藻類の人工的作出も可能になりつつあります。藻類は大量培養系とともに、次世代のバイオエネルギー源として期待されています。

次世代エネルギーとして利用

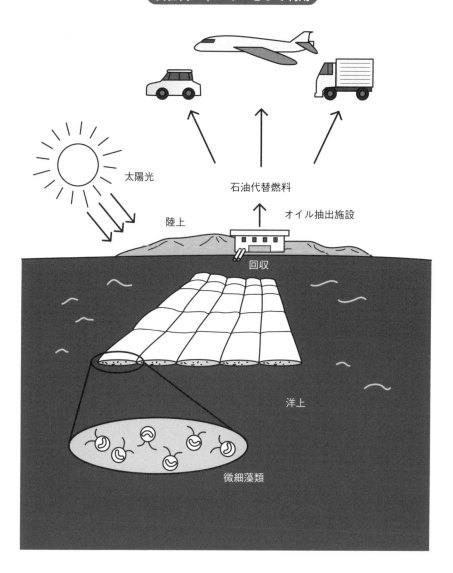

太陽光

石油代替燃料

オイル抽出施設

陸上

回収

洋上

微細藻類

海の活用

5.13 原形質流動の人工的な 高速化による植物の大型化

　動かない植物の細胞の中では、原形質流動と呼ばれる細胞内輸送が発生しています。原形質流動は、植物細胞内に張り巡らされた細胞骨格アクチンフィラメントを軌道として、その上を細胞小器官などに結合したモータータンパク質ミオシンが運動することで発生しています（4.3）。原形質流動を駆動しているミオシンXIをノックアウトすると、植物のサイズが小さくなっていくことから、原形質流動が植物の成長に重要であるということがわかってきました（4.6）。

　植物は、葉で光合成をして糖を作り出すとともに、根では土壌中の無機元素を吸収して生育します（5.10）。糖は、篩管を通って葉から全身に送られます。一方、無機元素は、道管を通って根から地上部へと送られます。しかし両者とも、篩管や道管に入る前には、かならず細胞内を通過するシンプラスト経路を運ばれます（2.10）。植物の細胞は動物よりも大きく成長し、繊維細胞などでは1mm以上に達するものもあります。こういった細胞内を通過する経路を、糖や無機元素などが移動するには、単純な熱による拡散だけではかなりの時間がかかります。原形質流動は、エネルギーを使って細胞内に一定の速度で流れを形成することによって、これらの物質の輸送を促進しているのではないかと考えられます。

　このことは、陸上植物の先祖にあたるシャジクモの細胞がとても大きく（10cm以上になることもある）、その原形質流動が陸上植物の10倍以上速いことからもいえます。もし、原形質流動の運動速度を人工的に速めることができれば、植物の成長を促進したりサイズを大きくしたりすることができるのではないかと考えられます。原形質流動は、あらゆる植物で一般的に発生している現象です。もし、この試みがうまく行けば、樹木や穀物など様々な植物の増産が可能になると考えられます。

　では、どうやって原形質流動を速めることができるでしょうか？答えは、原形質流動を発生してその速度を規定しているミオシンにありました。私たちは、ミオシンの速度を人工的に高速化しようという試みを行いました。

植物内の物質輸送

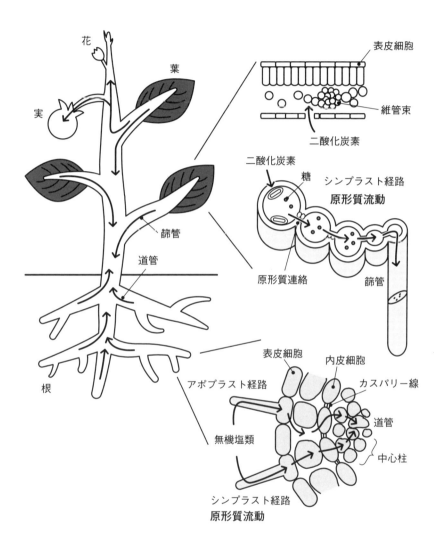

花

葉

実

表皮細胞

維管束

二酸化炭素

二酸化炭素

糖

シンプラスト経路
原形質流動

篩管

道管

原形質連絡

篩管

根

表皮細胞

内皮細胞

アポプラスト経路

カスパリー線

道管

無機塩類

中心柱

シンプラスト経路
原形質流動

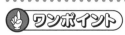

ミオシンの速度を速める

5.14 高速型ミオシンの設計と開発

　私たちは、藻類であるシャジクモに着目しました。シャジクモは植物が陸に上がる前の先祖だと考えられています。シャジクモは、細長い細胞（節間細胞）が縦につながった単純な構造をしていますが、1つの細胞の長さが10cm以上に成長します（陸上植物の10,000倍以上）。原形質流動は250年前に初めてシャジクモの細胞で発見されました（4.4）。その原形質流動速度はとても速く（1秒間に100μm）、一般的な陸上植物の原形質流動速度（1秒間に10μm）の10倍以上になります。陸上植物よりもかなり大きく育つシャジクモの細胞では、物質や細胞小器官の攪拌に速い原形質流動が必要なのではないかと考えられています。シャジクモの原形質流動を発生しているのも、陸上植物と同じミオシンXIです。以前の研究から、シャジクモミオシンXIの運動速度は、陸上植物ミオシンの運動速度よりも10倍以上速いことがわかっています。またシャジクモミオシンXIのモータードメイン（エンジン）のエネルギー（ATP）の分解速度を測定すると、陸上植物ミオシンの10倍ぐらい高いこともわかりました（4.5）。

　私たちは、陸上植物のミオシンXIの運動速度を人工的に速める手段として、シャジクモミオシンXIのモータードメイン（エンジン）を利用することを思いつきました。モデル植物のシロイヌナズナで原形質流動を発生しているミオシンXIのモータードメインの遺伝子を、10倍速いシャジクモミオシンXIのモータードメインの遺伝子と遺伝子工学的に入れ替え、高速型キメラミオシンXIを作製しました。この遺伝子から合成される高速型ミオシンXIは、野生型のシロイヌナズナミオシンXIより運動速度が約2倍速いことが明らかとなりました。

　作製した高速型ミオシンXI遺伝子を、シロイヌナズナ植物に遺伝子組み換え技術（5.4）で導入すると、原形質流動が高速化するとともに植物が野生株と比べて大型化することが明らかとなりました。植物の背丈や葉の面積、乾燥重量が野生株に比べて1.5倍増加していました。このとき、細胞のサイズも1.5倍ぐらいに増えていたことから、高速型ミオシンXIによる大型化は細胞数の増加ではなく、細胞サイズの増加によるものと考えられます。

高速型ミオシンの開発

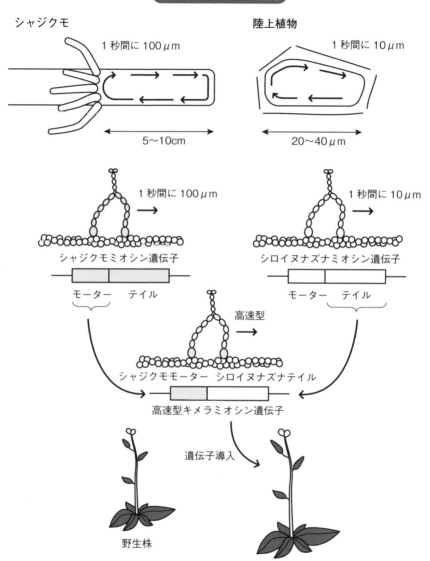

シャジクモ

1 秒間に 100 μm

5〜10cm

陸上植物

1 秒間に 10 μm

20〜40 μm

1 秒間に 100 μm

シャジクモミオシン遺伝子

モーター　テイル

1 秒間に 10 μm

シロイヌナズナミオシン遺伝子

モーター　テイル

高速型

シャジクモモーター　シロイヌナズナテイル

高速型キメラミオシン遺伝子

遺伝子導入

野生株

先祖の力で植物増産

5.15 植物サイズの人工的コントロールと緑の革命

　原形質流動を高速化すると、どうして植物や細胞のサイズが大きくなるのでしょうか？根本的な原理は謎ですが、少し想像してみたいと思います。例えば、陸上に上がる前のシャジクモ類は、重力の影響が少ない水中で太陽の光を求めたため、立ち上がる際に細胞数を増やすのではなく、細胞を大きくするという選択をしたと思われます。そのため細胞1つの長さが10cm以上になりました（5.13）。物質が単純な拡散だけでその長さを移動しようとすると、時間がかかります。シャジクモは上下の節間細胞で物質のやり取りをするため、とても速い原形質流動を発生する必要がありました。すなわち速い原形質流動を発生するためには、速いシャジクモミオシンXIを獲得する必要がありました。シャジクモミオシンXIは、速度が速い分、時間あたりたくさんのエネルギー（ATP）を消費します。しかし、シャジクモにとっては細胞の数を増やすよりも、細胞を大きくし高速のミオシンXIで輸送を高速化するほうが、トータルのエネルギー収支としては効率が良かったのかもしれません。

　ところが、陸上に上がった植物は、重力や風といった物理的な影響下では細胞を大きくして立ち上がることが難しくなりました。そこで、1つひとつの細胞を小さくして強度を保ちつつ、スタック状に積み上げることで立ち上がるという仕組みに切り替えました。結果、ミオシン速度は細胞サイズに最適化して遅くなったのかもしれません。立ち上がった陸上植物は、維管束という通道組織によって高速の物質の輸送を可能にしました。しかし、維管束に物質が届くまでは細胞内を通過しなければならず、そこでの輸送は原形質流動によって支配されています。

　私たちの研究では、ミオシンXIを高速化（進化の一種の逆行）することによって、重力環境下でも植物が大型化したことから、植物は、本来のサイズよりも大きく育つポテンシャルを持っているのですが、原形質流動速度によって生育環境に適したサイズに規定されているのではないか？ということも考えられます。原形質流動は、作物を含めあらゆる植物で起こっている基本的な現象ですので、ミオシン高速化による植物大型化はあらゆる植物の増産ができる技術として期待できます。

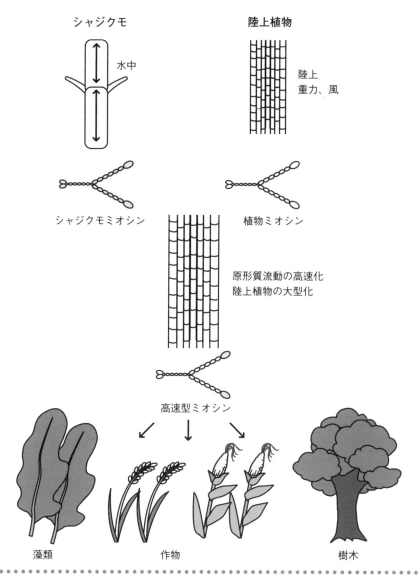

あらゆる植物の大型化へ

シャジクモ

水中

陸上植物

陸上
重力、風

シャジクモミオシン

植物ミオシン

原形質流動の高速化
陸上植物の大型化

高速型ミオシン

藻類　　　　　作物　　　　　　　　　　　樹木

🖐 ワンポイント

原形質流動速度は植物サイズの規定因子？

5.16 新型コロナウイルス (SARS-CoV-2)

　ウイルスは他の生物の細胞を利用して自己複製するとても小さな粒子状の構造体です（サイズは数10〜数100nmで私たちの細胞の1/100〜1/1,000程度）。基本構造は、粒子の中心にあるゲノム（1.2）と、それを取り囲むタンパク質（1.3）の殻から構成されています。ウイルスによっては、エンベロープと呼ばれる膜（1.4）を持ちます。ウイルスゲノムはDNAあるいはRNAのどちらかで、それぞれDNAウイルスあるいはRNAウイルスと呼ばれています。ウイルスは自分自身でエネルギー代謝を行ったり増殖したりといった細胞の基本的機能（1.1）を持たないため、生物と非生物の中間的存在と考えられています。

　コロナウイルスはRNAウイルスの一種で、ゲノムサイズは約30,000塩基でRNAウイルスでは最大です。エンベロープ（膜）の表面に長いスパイクタンパク質の突起を持ち、見た目がコロナ（太陽の光冠）に似ているのでその名が付けられました。通称、新型コロナウイルスと呼ばれるSARSコロナウイルス-2（SARS-CoV-2）は、急性呼吸器疾患（COVID-19）を引き起こします。2019年に中国湖北省武漢市付近で発生が初めて確認された後、世界的流行（パンデミック）を引き起こしています。

　コロナウイルスの感染と増殖は、すべて本書に記載されている真核細胞の機能を利用して行われています。その過程は、感染（1、2）、複製（3〜7）、放出（8）の3段階からなります。

1. 細胞表面のレセプタータンパク質（ACE2）がウイルスエンベロープ表面に露出しているスパイクタンパク質を認識し結合します。
2. 細胞の取り込み機能であるエンドサイトーシスにより（1.14）、ウイルスが細胞内に取り込まれます。
3. コロナウイルスのRNAは、そのまま細胞質でメッセンジャーRNAとして機能し（1.5）、RNA合成酵素を含むウイルスタンパク質が作られます。
4. ウイルス由来のRNA合成酵素がウイルスRNAを複製していきます。新型コロナウイルスへの有効性に期待が集まっている抗インフルエンザ薬アビガンは、ウイルスRNA合成酵素の働きを阻害すると考えられています。
5. 細胞のリボソームがウイルスRNAに結合し（1.5）、スパイクやエンベロー

プといったウイルスの構造タンパク質が翻訳され作られていきます。

6. 合成されたウイルスの構造タンパク質は細胞の小胞体の膜（ウイルスのエンベロープになる）に組み込まれます（1.13）。

7. ウイルスRNAが小胞体に包み込まれる形で取り込まれ、ウイルスが作られます。

8. 小胞体からゴルジ体を経由して、エキソサイトーシスによって細胞から新たに作られたウイルスが細胞外に分泌されます（1.14）。

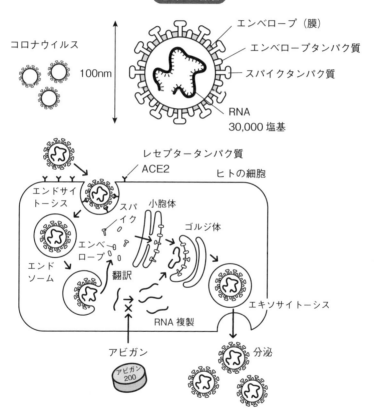

感染と増殖

　ワンポイント

アビガンは合成酵素の働きを阻害

5.17 PCR検査

　新型コロナウイルスに感染しているかどうかを判定するために、PCR検査という検査が行われています。PCR検査とはどういったものなのでしょうか？PCR検査にも、生物が作り出したタンパク質の機能が利用されています。PCRとはPolymerase Chain Reaction（ポリメラーゼ連鎖反応）の略で、DNAの特定領域のみを、DNA合成酵素（DNAポリメラーゼ）というタンパク質の働きで数100万〜数10億倍に増やす方法です。PCRはもともと基礎研究でDNAの増幅やDNA配列の決定、遺伝子変異誘導のために開発された手法です。現在では、病原菌の特定など医療の分野でも広く使われています。新型コロナウイルスの検査では、ウイルスが持つRNAの特定配列だけをPCRで増幅し検出します。

　PCR検査の手順は下記のようなものになります。

(1) 検体を鼻や喉の奥の痰（たん）から採取します。

　痰には、放出されたコロナウイルス自体あるいはウイルスの残骸（RNAやタンパク質）のみならず、人の細胞や口内の細菌由来のRNAやタンパク質などが雑多に含まれています。

(2) RNAを精製します。

　試薬を使ってRNAを抽出します（コロナウイルス由来のRNAだけでなく、雑多なRNAが含まれます）

(3) より安定なDNAに転換します。

　逆転写酵素というRNAを鋳型にDNAを合成するタンパク質を利用し、RNAの配列と同じDNA配列が作られます。

(4) ポリメラーゼ連鎖反応（PCR）でウイルスに特徴的な遺伝子のDNA配列を増幅させ、増幅が見られれば陽性と判定されます。

　PCRでは、DNA合成酵素というタンパク質と、プライマーと呼ばれる10塩基程度の短い合成DNA配列が使われます。プライマーは、コロナウイルスに特異的なDNA配列の領域（300塩基程度になるように設計されている）の両端に結合します。そしてDNA合成酵素がプライマーを足掛かりに、その間のDNAを増幅していきます。

検査の手順

ヒトの細胞

コロナウイルス

ヒトや細菌の RNA

ウイルス RNA

別の細胞に感染

ウイルスのカラ

① 細胞外

ヒトや細菌の RNA

ウイルス RNA

②RNA の精製

ヒトや細菌の
RNA

ウイルス RNA

③DNA への変換

RNA
DNA

RNA
DNA

④PCR による
増幅

ウイルスにしかない配列（300 塩基程度）
が増幅

検出

その他の DNA

ウイルス由来
DNA

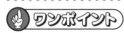

ワンポイント

タンパク質の働きで DNA を増幅

参考文献

高等学校　生物　第一学習社

ALBERTS 他著　細胞の分子生物学　第6版　ニュートンプレス　2017年

島田幸久、萓原正嗣著　植物の体の中では何が起こっているのか　ベレ出版　2015年

園池公毅著　植物の形には意味がある　ベレ出版　2016年

内嶋善兵衛著　〈新〉地球温暖化とその影響　裳華房　2005年

西谷和彦著　植物の成長　裳華房　2011年

井出利憲著　生物の多様性と進化の驚異　羊土社　2010年

佐藤健著　進化には生体膜が必要だった　裳華房　2018年

参考サイト

日本植物生理学会　みんなのひろば
　https://jspp.org/hiroba/index.html

日本植物学会　植物科学の最前線（BSJ-Review）
　https://bsj.or.jp/jpn/general/bsj-review/

日本植物学会　研究トピックス
　https://bsj.or.jp/jpn/general/research/

生物物理学会　生物物理について
　https://www.biophys.jp/highschool/index.html

日本神経科学学会　脳科学辞典
　https://bsd.neuroinf.jp/wiki/脳科学辞典：索引

WWF
　https://www.wwf.or.jp/

環境省
　https://www.env.go.jp/

気象庁
　https://www.jma.go.jp/jma/

理化学研究所
　https://www.riken.jp/index.html

産業技術総合研究所
　https://www.aist.go.jp/

かずさDNA研究所
　https://www.kazusa.or.jp/

JT生命誌研究館
　https://www.brh.co.jp/#gsc.tab＝0

国立科学博物館
https://www.kahaku.go.jp/index.php

科学技術振興機構
　　https://scienceportal.jst.go.jp/
国立環境研究所
　　https://www.nies.go.jp/index.html
基礎生物学研究所
　　http://www.nibb.ac.jp/
国立遺伝学研究所
　　https://www.nig.ac.jp/nig/ja/
名古屋大学　トランスフォーマティブ生命分子研究所
　　http://www.itbm.nagoya-u.ac.jp/index-ja.php
藻ディア
　　https://modia.chitose-bio.com/
ライフサイエンス新着論文レビュー
　　https://scienceportal.jst.go.jp/
ライフサイエンス領域融合レビュー
　　https://leading.lifesciencedb.jp/
日本医療研究開発機構・革新的先端開発支援事業
　　http://www.crest-ihec.jp/index.html

最新の研究成果に関しては、論文、研究室のホームページ、プレス発表等も参考にさせていただきました。

索 引

〈著者略歴〉

富永 基樹
（とみなが もとき）

早稲田大学准教授
1971年　和歌山県生まれ
1995年　姫路工業大学理学部　卒業
2000年　姫路工業大学大学院理学研究科　修了　博士（理学）取得
2000年　郵政省通信総合研究所　専攻研究員
2003年　独立行政法人通信総合研究所　日本学術振興会　特別研究員
2006年　東京大学医科学研究所　特任助教
2007年　理化学研究所　和光中央研究所　研究員
2011年　理化学研究所　基幹研究所　専任研究員
2011年　科学技術振興機構　さきがけ研究者（兼任）
2012年　理化学研究所　きぼう船内実験チーム（兼務）
2014年　早稲田大学　教育・総合科学学術院　専任講師
2017年　早稲田大学　教育・総合科学学術院　准教授

図解よくわかる植物細胞工学
タンパク質操作で広がるバイオテクノロジー　　　　NDC463

2020年7月20日　初版第1刷発行　　（定価はカバーに表示してあります）

© 著　者　　富永　基樹
　 発行者　　井水　治博
　 発行所　　日刊工業新聞社
　　　　　　〒103-8548　東京都中央区日本橋小網町14-1
　 電　話　　書籍編集部　03（5644）7490
　　　　　　販売・管理部　03（5644）7410
　 ＦＡＸ　　03（5644）7400
　 振替口座　00190-2-186076
　 ＵＲＬ　　https://pub.nikkan.co.jp/
　 e-mail　　info@media.nikkan.co.jp
　 企画・編集　新日本編集企画
　 印刷・製本　新日本印刷㈱

日刊工業新聞社の好評書籍

今日からモノ知りシリーズ
トコトンやさしいゲノム編集の本
宮岡佑一郎 著
A5 判　160 ページ　定価：本体 1,500 円＋税

今日からモノ知りシリーズ
トコトンやさしい微生物の本
中島春紫 著
A5 判　160 ページ　定価：本体 1,500 円＋税

今日からモノ知りシリーズ
トコトンやさしいアミノ酸の本
味の素株式会社 編著
A5 判　160 ページ　定価：本体 1,500 円＋税

おもしろサイエンス
機能性野菜の科学 －健康維持・病気予防に働く野菜の力－
佐竹元吉 著
A5 判　120 ページ　定価：本体 1,600 円＋税

おもしろサイエンス
腸内フローラの科学
野本康二 著
A5 判　160 ページ　定価：本体 1,600 円＋税

カラー写真と実例でわかる
カビの分離同定と抗カビ試験
李憲俊、李新一 著
A5 判　192 ページ（フルカラー）　定価：本体 3,400 円＋税

糖鎖とレクチン
平林淳 著
A5 判　232 ページ　定価：本体 2,200 円＋税

日刊工業新聞社 出版局販売・管理部
〒103-8548　東京都中央区日本橋小網町14-1
☎03-5644-7410　FAX 03-5644-7400